NF文庫
ノンフィクション

「鉄砲」撃って100！

かのよしのり

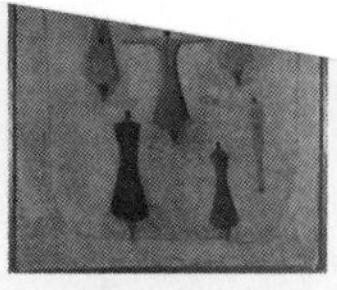

潮書房光人新社

「鉄砲」撃って100！——目次

「鉄砲」撃って100!

1　鉄砲と銃

鉄砲は天文十二年、すなわち一五四三年にポルトガル人によって種子島に伝えられたのであるが、ポルトガル人はこれを「アルケビュース」と呼んでいた。それで当初、これに「阿瑠賀放至」という字をあてていたが、すぐに「鉄砲」という日本語がつくられた。それは鎌倉時代の蒙古襲来のおりに元軍が使用した「鉄炮」のイメージから連想したのであろう。もっとも元軍が使用した「鉄炮」というのは鉄砲ではなく、鉄の容器に火薬を詰め火をつけて投げる手榴弾のようなものであったが……。

「銃」という漢字は金槌の柄をさしこむ穴のことである。中国で「てっぽう」のことを「銃」と書いている例は絶無ではないが、古文書に少し出ているだけで中国語としては一般的でない。中国語では鉄砲のことを「槍」といい、小銃は「歩槍」、拳銃は「手槍」、機関銃は「機槍」である。

日本でも戦国時代に使われていた用語は「鉄砲」であって、銃ということばは江戸時代に入ってから使われるようになったらしい。日本の火縄銃のことを中国・朝鮮では「倭の鳥銃」と呼んで恐れていたので、そのことばを日本側が取り入れたのであろう。

2　「砲」と「炮」

砲という漢字のもともとの意味は、P.11の図のような石を飛ばすカタパルトのことであった。火薬が発明されて、火薬の力で弾丸を発射する砲がつくられると、「炮」という字が使われるようになった。現在でも中国語では「炮」という字を使っている。

3　銃と砲

現代の感覚では「銃」というと手に持って歩けるような小さなもの、「砲」というとトラックで引っ張らねばならないような大きなもの、というイメージがある。では、どれくらいの大きさから砲というのか、というと明確な線引きは難しい。現在、日本の武器等製造法という法律では、口径20ミリ以上を砲ということにしている。帝国陸軍もそうだった。ところが、帝国海軍で口径40ミリ以上を砲と呼んでいたし、現在でも海上自衛隊はそうである。それで、同じものが陸軍では「20ミリ機関砲」であり、海軍では「20ミリ機銃」であった（なお現在の海上自衛隊では武器等製造法に合わせて20ミリ以上を砲と呼ぶようになった）。

しかし、日清・日露戦争のころは、口径7・6ミリ程度の歩兵銃とおなじ弾を使う機関銃も「機関砲」と呼んでいた。

江戸時代には口径8センチもある火縄銃がつくられ「大銃」と呼ばれていたが、形が普通

七星銃　「武備制勝」所載
中国で「銃」という漢字を使っている珍しい例

「単梢砲」
「砲」とは、もともとこのような投石機械のことであった

中国の「五八式歩槍」
中国では「銃」といわず「槍」という

大銃の図
「合武三島流船戦要法」所載

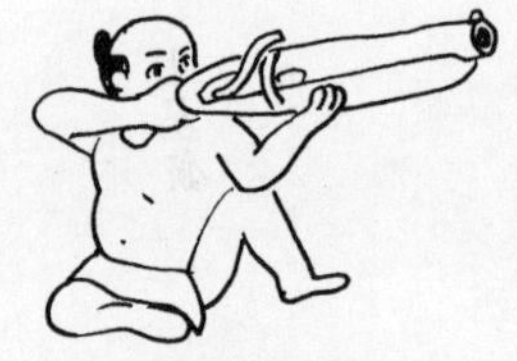

大銃の図
口径 84mm もある大銃の例。
本当に抱えて射撃した

84mm 無反動砲
砲であるが 1 人で運び、手で持って射撃する

ロシアの PM1910 機関銃
大砲のように車輪や防盾が付いているが機関銃である

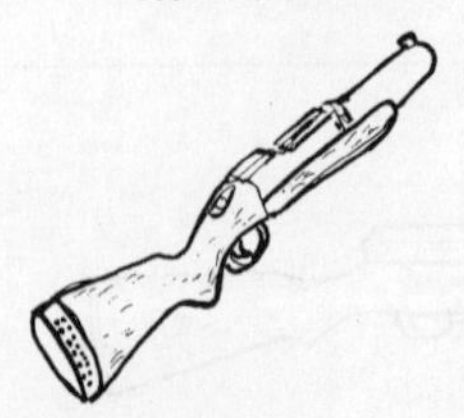

M79 擲弾銃
口径 40mm もあるが、これを「砲」とは呼ばない

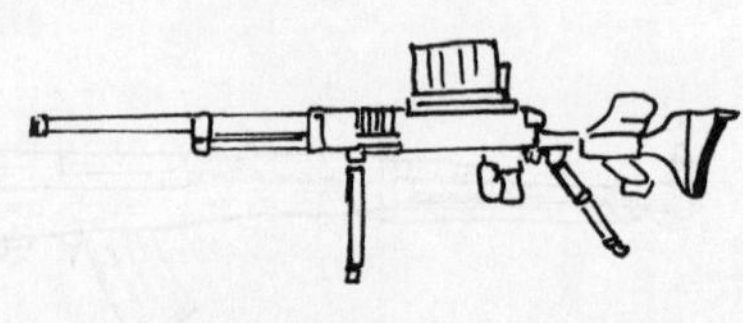

97 式自動砲
銃と呼びたいような姿だが、陸軍の基準では口径 20mm は砲である

の手に持って撃つ火縄銃の形をしているから大銃というのではなく、車輪付きの砲架にのせられた大砲の形のものも大銃と呼んでいた。

車輪付きということなら口径7・6ミリ程度の機関銃にも車輪付きのものがあるし、防盾の付いたものまである。一方、カールグスタフ84ミリ無反動砲のように歩兵が肩にかついで撃つ砲もあるし、飛行機や船に取り付けられているものには当然、いくら口径が大きくとも車輪はない。

現在、たいていの国では12番（18・5ミリ）より大きな散弾銃を狩猟に使用することは禁止されているけれども、二十世紀前半ころまでは4番（23ミリ）などという大口径の散弾銃が水鳥猟に使われていた例もある。

弾が爆発するかどうかは弾側の問題で鉄砲側の問題ではない。口径8ミリくらいの銃弾にも内部に爆薬を仕込んだものはある。また、戦車を撃つ砲弾は爆薬など詰めているとかえって貫通力が弱くなるので、弾が大きくとも爆薬の入らない金属の塊の砲弾がもちいられる。

そんなわけで銃と砲を明確に区別することはできないし、する必要もない。

4　小銃とは

「小銃」ということばは、なんとなく兵隊が使う軍用の銃という意味で使われているが、もともと「大銃」に対して小銃といったのであり、「小火器」という程度の意味でしかない。

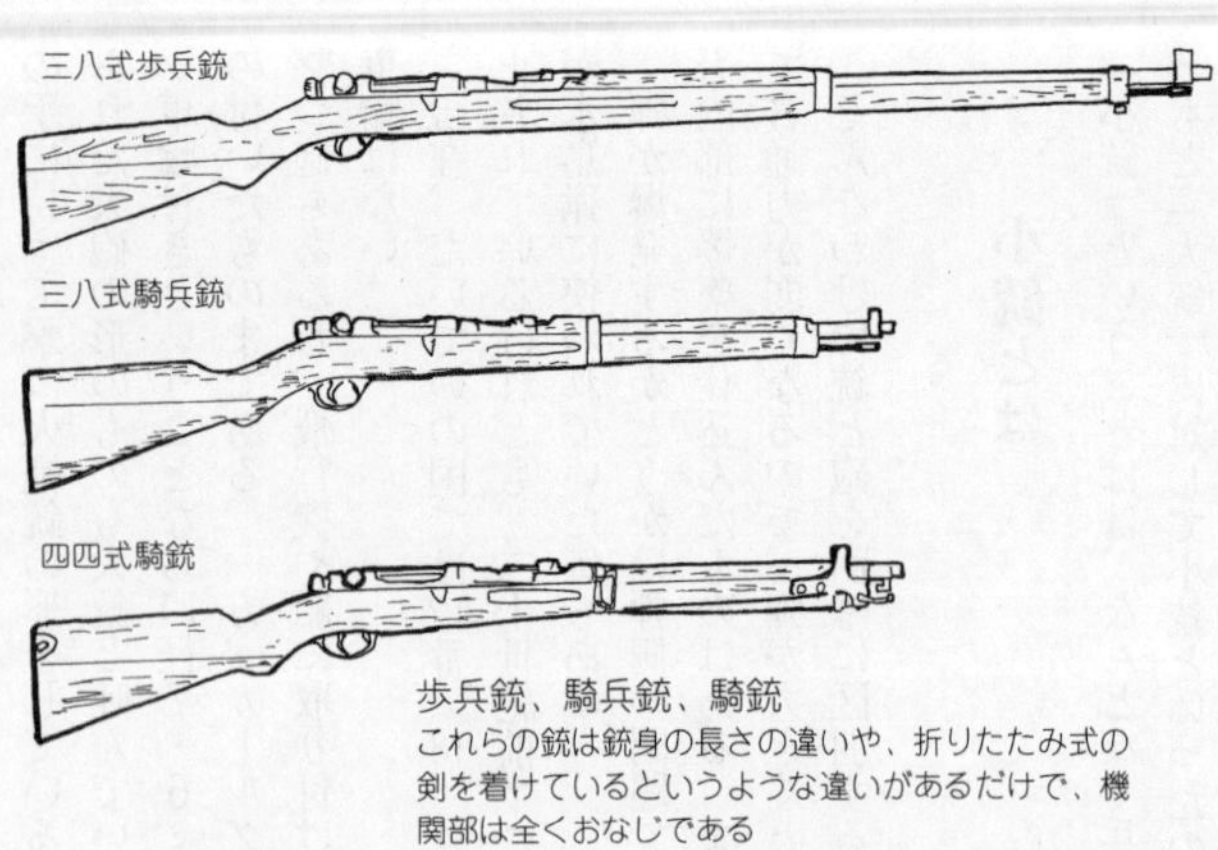

歩兵銃、騎兵銃、騎銃
これらの銃は銃身の長さの違いや、折りたたみ式の剣を着けているというような違いがあるだけで、機関部は全くおなじである

軍用銃に限定したことばでもなく、「狩猟用小銃」ということばの用例はあり、「〇〇小銃器製作所」という猟銃メーカーもあるが、どうも軍用語のイメージが強い。

軍隊用語としての小銃には明確な定義はないが、軍隊で兵隊が持っている最も一般的な銃と考えればよい。小型の銃だといっても、軽機関銃や機関短銃は小銃とはいわない。

5 歩兵銃と騎兵銃・騎銃

歩兵銃というのは、歩兵に使わせるための銃。騎兵銃とか騎銃というのは、騎兵に使わせるための銃である。歩兵は遠距離から撃ち合いをはじめ、やがて銃剣を付けて突撃するので銃身の長い銃を使う。騎兵は馬の上で扱いやすいように短い銃を使う。

現代になって、歩兵もヘリコプターや装甲車に乗って移動するようになり、銃剣格闘を重視した長い歩兵銃はつくられなくなり、歩兵は昔の騎兵銃サイズの銃を使うようになった。馬に乗って戦う騎兵はいなくなったが、小銃を使って戦うことが主任務ではない通信兵とか航空隊員、あるいは落下傘降下には、なるべく小型の銃がじゃまにならないということで、空挺部隊などでは一般歩兵の銃より短い銃が好まれる。一般歩兵の銃が昔の騎兵銃なみの長さになったのだが、それで騎兵銃と呼ばれる銃はつくられなくなったかというと、さにあらず、さらに短いものが騎兵銃と称してつくられている。

6　ライフル

「ライフル」というのは本来、銃身の内壁に、銃身一本の長さでやっと1回転するかしないかという程度のゆるやかな螺旋をえがいて施されている数条の溝のことである。日本語では「腔綫」という。この「綫」という字が常用漢字にない、というので戦後、自衛隊は「口線」などと書いていたが、あまりにひどいので、最近は「腔線」と書いている。筆者は「腔旋」という字を使う。

腔旋は、一般的には4条とか6条くらいだが、大砲のように口径が大きくなれば、十数条とか数十条になる。溝が掘られるということは溝と溝の間は山で、ふつうは口径を山径で表わす。たとえば、口径7・62ミリの場合、溝の深さは0・1ミリで、溝径では7・82ミ

ライフル（腔綫）

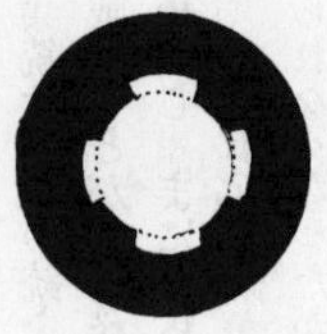

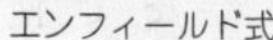

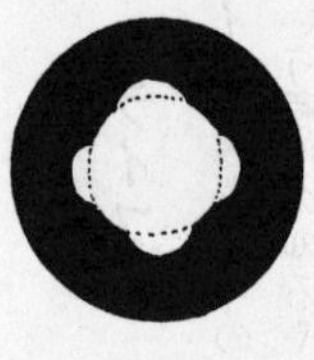

メトフォード式

ポリゴナル式

ライフルを施されていない銃身から発射された弾丸（回転していない）は、このように飛ぶ

ライフルを施された銃身によって回転を与えられた弾丸は、頭を進行方向に向けて飛んでいく

リになる。弾丸の直径は7・82ミリで、弾丸は山に食い込んで回転をあたえられる。

この「腔旋」は空気銃にも拳銃にも大砲にもあるわけで、鉄砲にはライフルが施されているのがあたりまえなのだから、ことさら「ライフル銃」などということばを使うのはおかしいくらいだが、散弾銃にはライフルが施されていないから、散弾銃と対比していうときに「ライフル銃」という表現がなされる。

散弾銃は飛んでいる鳥などを撃つために小さな鉛粒を数十個から数百個も詰めて発射し、その散弾群で獲物をつつみこみ、何粒かあたる、というようなものである。この場合、銃身にライフルを施す必要がないから、散弾銃の銃身にはライフルが施されていない。

ライフルとは銃腔に掘られた溝のことであり、たいていの銃にはライフルが施されているのがあたりまえであるのに、アメリカでは歩兵銃のことを「ライフル」という。これは火縄銃や火打石銃の時代、銃腔にライフルを施した銃が珍しいものであったころ、アメリカ独立軍民兵はライフルを施した命中精度の高い猟銃を使ってイギリス軍を悩ませたという故事による。

だが、本来、歩兵銃のことをライフルというのは正しい英語ではない。しかし、間違った表現が普及し、定着してしまうということは世の中よくあることで、いまやライフルということばは、銃の種類の名称として使われている。そのため腔旋のことは、その加工工程を意味する「ライフリング」ということばで表わされるようになってしまった。

7　火縄銃

火縄銃を撃ったことのある人は、そう多くないはずである。しかし、日本には火縄銃射撃の愛好会があり、大会も行なわれている。火縄銃を骨董屋でさがすとなかなか高価なもので、それがネックだが、火縄銃さえ手に入るならば法律の規制は猟銃より緩いので、わりと簡単に射撃を楽しむことができる。

その手続きとか技術的なことの詳細を書いていったらかなりの分量になり、それは本書の目的ではないから省略し、また別の機会にして、とにかく火縄銃をぶっぱなすことにしよう。

火縄銃に使う黒色火薬は「猟用黒色火薬」という商品名で、400グラム袋入りで売られている。〝鉄砲店で買える〟といっても、なにしろ需要の少ないものだから、常時、在庫しているわけでもない。

しかし、火薬はとにかく商品として存在している。問題は弾丸だ。

火縄銃の口径は実測寸法ではなく、「三匁筒（さんもんめつつ）」とか「十匁筒」とかいうふうに、その口径に合う鉛玉の重さで表わされる。筆者が持っているのは三匁筒で口径13ミリ、これくらいが射撃を楽しむにはよいが、戦国時代に鎧を着た敵を撃ち貫こうというなら、あるいは鹿や猪を仕留めようというなら最低でも八匁（16ミリ）から十匁（18ミリ）くらいの筒が必要だろう。

この弾丸は自分で鋳型に流し込んでつくるしかない。ところが、この鋳型が火縄銃より少ないのだ。筆者もさがした、さがした。

火縄は木綿の組紐がよい。ところが、いまどき売っている紐は化学繊維のものが多く、純綿の紐をさがすのがまた大変だった。

銃口から火薬を注ぎ込む。弾丸の重さの40パーセントが標準薬量だ。つぎに鉛弾を押し込む。鉛弾を紙か布でつつんで、きつからず緩からずの感じがよい。

つづいて火皿に「口薬」を注ぐ。弾丸の発射に使う火薬は細かい粒状だが、口薬は火付きがいいように、すりつぶして粉末にしたものを使う。火皿に蓋をし、火の付いた火縄を火挟みに取り付ける。そして銃を構えてから火皿の蓋を開く。これを「火蓋をきる」というのである。

狙う、引金を引くと火挟みは火皿の上に倒れ、火縄の火が火薬にうつる。

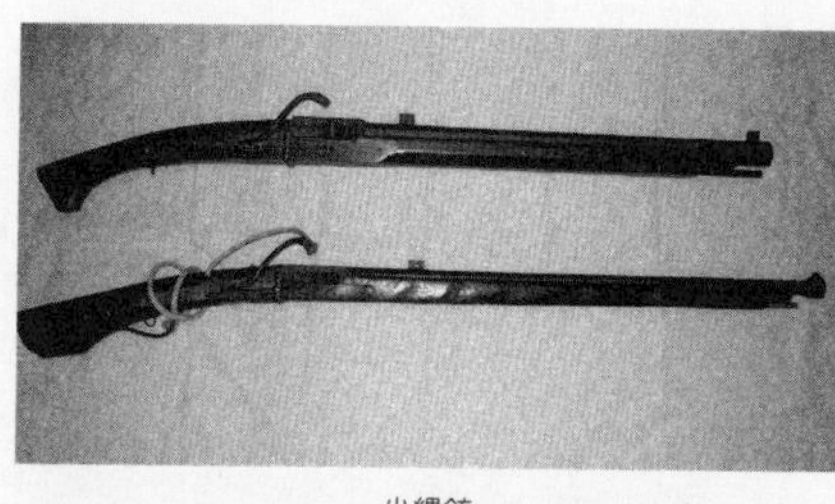

火縄銃

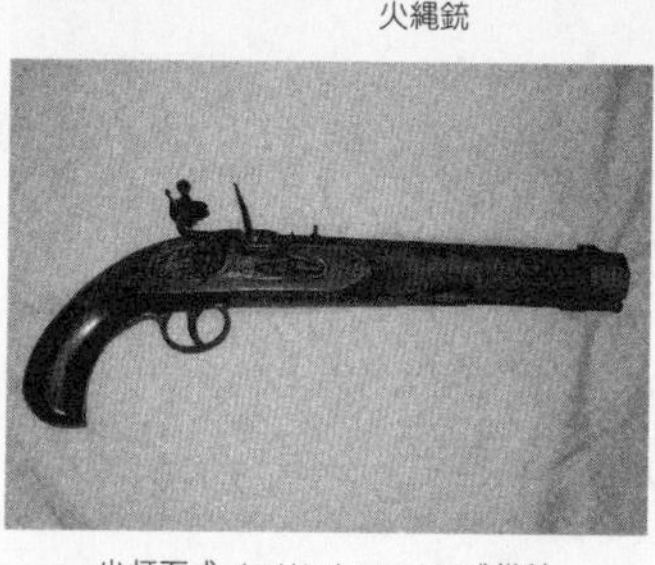

火打石式（フリントロック）式拳銃

現代銃を撃ったことのある人には、火縄銃は引金を引いてから弾が出るまでに人間の感覚でわかるほどの（といっても数十分の一秒

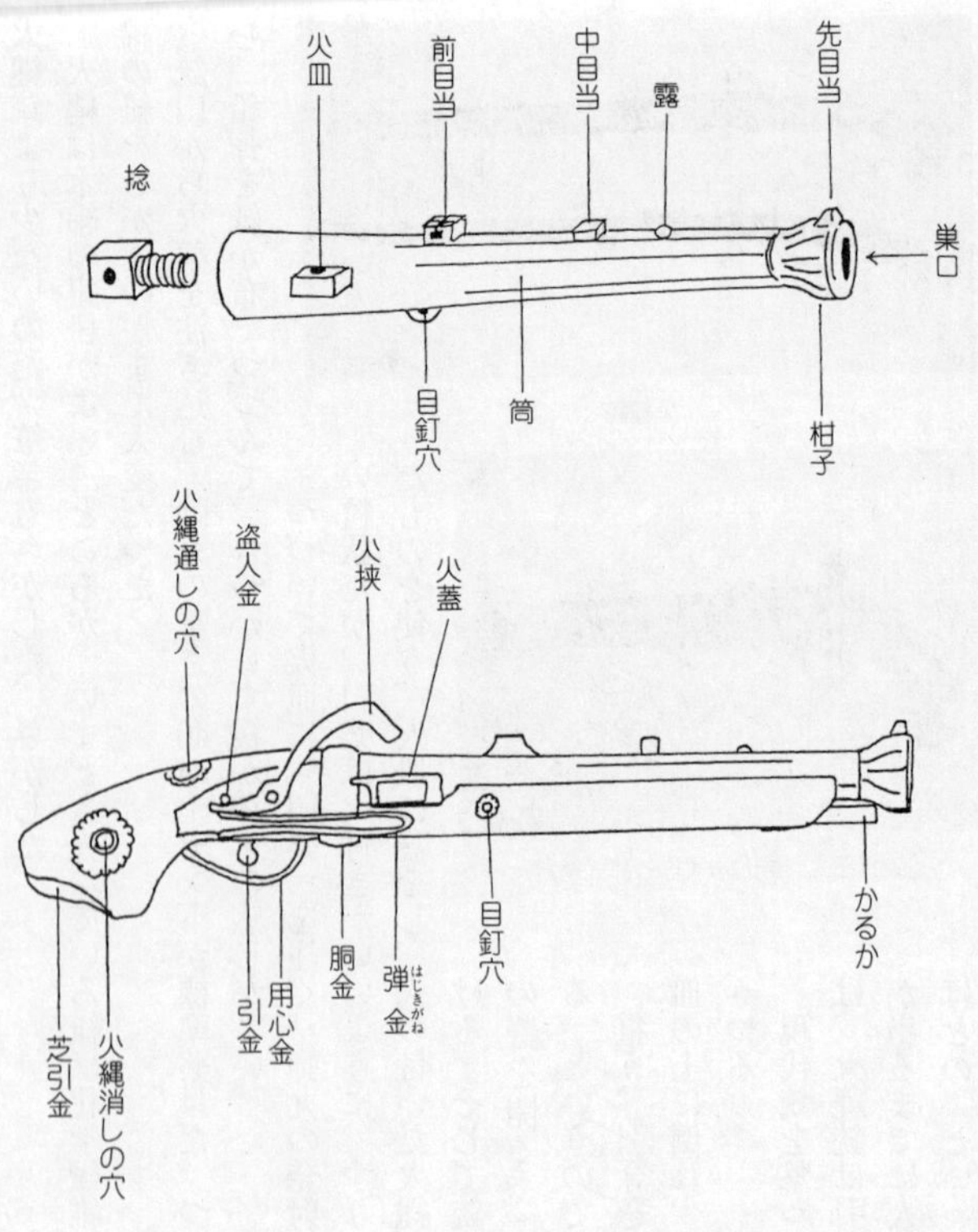

火皿
前目当
中目当
露
先目当
捻
巣口
目釘穴
筒
柑子
火縄通しの穴
盗人金
火挟
火蓋
かるか
目釘穴
胴金
弾金
はじきがね
用心金
引金
火縄消しの穴
芝引金

21　火縄銃

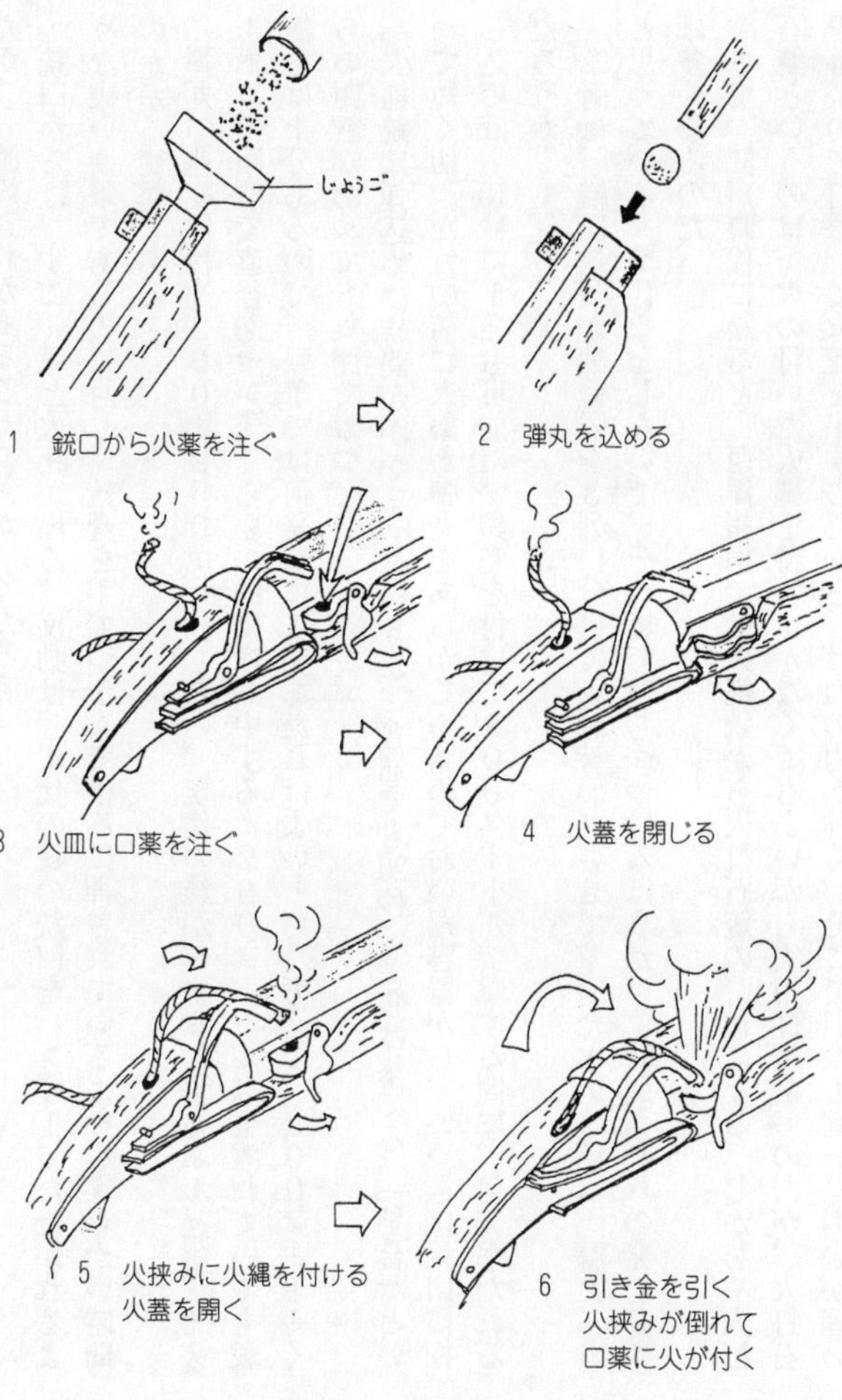
じょうご
1　銃口から火薬を注ぐ
2　弾丸を込める
3　火皿に口薬を注ぐ
4　火蓋を閉じる
5　火挟みに火縄を付ける
火蓋を開く
6　引き金を引く
火挟みが倒れて
口薬に火が付く

だが）一瞬の遅れがあることに気がつくだろう。

銃口からは、すごい煙と火花が出る。反動は、現代の銃の銃口をハンマーでたたかれるような硬い衝撃であるのに対し、銃身を手でつかんで後ろに押されているような柔らかい時間のかかる衝撃である。

弾丸の速度は秒速２００～２５０ｍ／秒くらい、現代の銃からするとずいぶん遅い。50メートルの距離で直径30センチくらいの的には命中する。２００メートル以上離れていても殺傷力は十分あるので、戦争では何発かに1発あたればよいという考えで、２００メートルくらい距離があっても集団で撃つ。

「火縄銃は弾込めに時間がかかる」というが、普通でも20秒に1発は撃てる。「早合」といって短く切った竹の筒に火薬と弾丸をあらかじめ詰めておいた容器から、いっきに銃口に押し込めば、10秒に1発も可能だ。鎧兜を付けて２００メートル突撃する間に、何発撃たれるだろうか。

筆者は、織田信長が鉄砲隊を3列に分けて入れ替わりさせて撃ったという話は、嘘だろうと思っている。交代などしないで、その場で撃ちつづけるほうが単位時間あたりの発射弾数は多くなるのだ。

さて、江戸時代になると、西洋諸国では火縄銃から火打石銃（フリントロック）の時代になる。しかし、火打石銃というのは、火の付いた火縄を持ち歩かなくてもよいから実用性は高いのだが、火打石を強い力で打撃して火花を出すのだから、ばねの力が強く、そこで引金も固い。引金が固いから狙い定めて引金を引いてもそのとき銃がブレやすく、強いばねが火打石を叩き付ける衝撃で銃が揺れ、命中精度はけっして火縄銃よりよくはないのだ。それで、日本でも火打石銃をつくった人がいないわけではなかったが、実戦があるわけではない江戸時代の日本では火縄銃のほうが具合がよく、ペリーの黒船が来るころまで日本の鉄砲は火縄式のままであった。

8　管打ち銃

日本でいうと江戸時代の初期、ヨーロッパでは火縄銃から火打石銃の時代になり、さらに江戸時代の終わりころにはパーカッション（管打ち式）銃の時代になる。

この方式は銃口から火薬と弾丸を込めることは火縄銃や火打石銃とおなじだが、銃の外側に雷管を取り付け、引金を引くと撃鉄が雷管をたたいて発火させ、その火が薬室の火薬に伝わって発射となる方式である。

火打石銃は火縄式より便利だとはいうものの、火打石の火花は小さいので不発になりやすく、雨が降ると火皿の口薬が湿りやすいことは火縄銃同様であったが、パーカッション銃になって雷管を被せるようになると、ほとんど雨の影響はなくなった。

おなじ口径の銃でおなじ火薬の量だと火縄銃や火打石銃よりも管打ち銃のほうが反動が強いが、これは雷管の点火力が強く、すべての火薬粒の表面に同時に点火されるためであろう。それでも黒色火薬の反動は無煙火薬の鋭さにくらべると柔らかい。

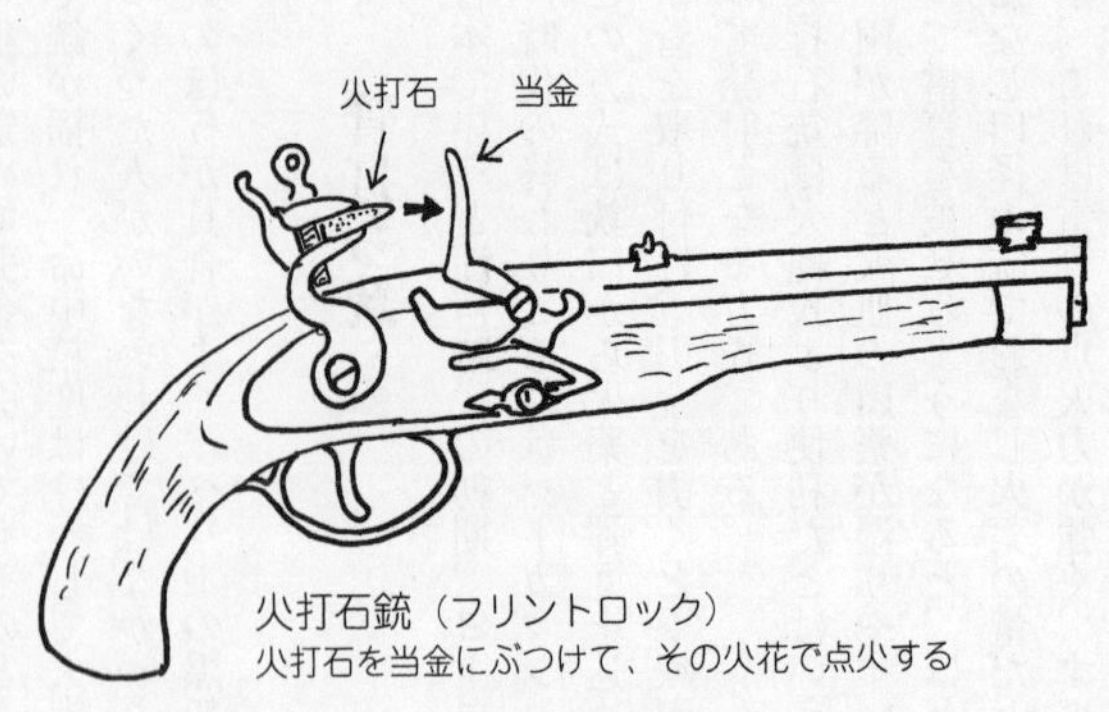

火打石銃（フリントロック）
火打石を当金にぶつけて、その火花で点火する

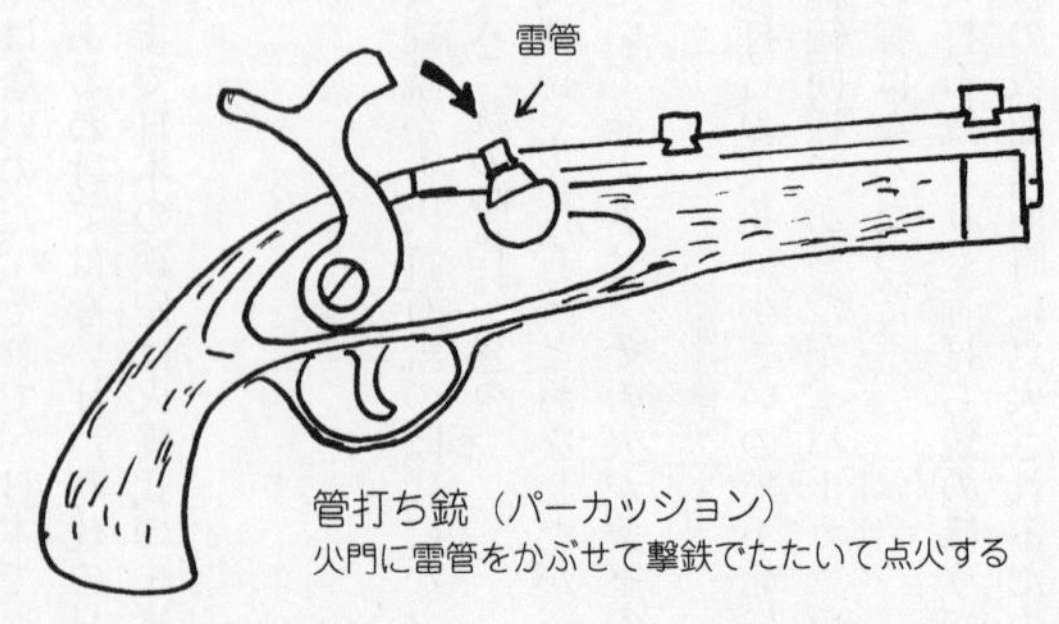

管打ち銃（パーカッション）
火門に雷管をかぶせて撃鉄でたたいて点火する

25　管打ち銃

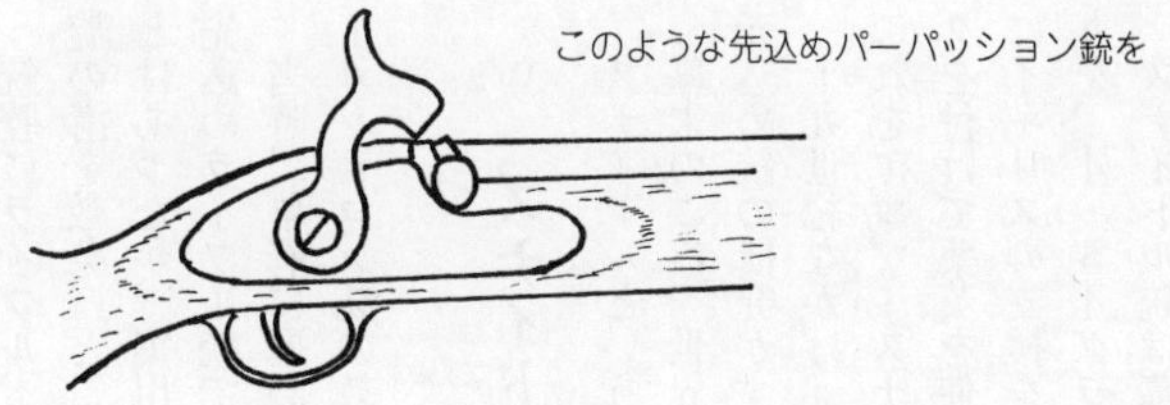

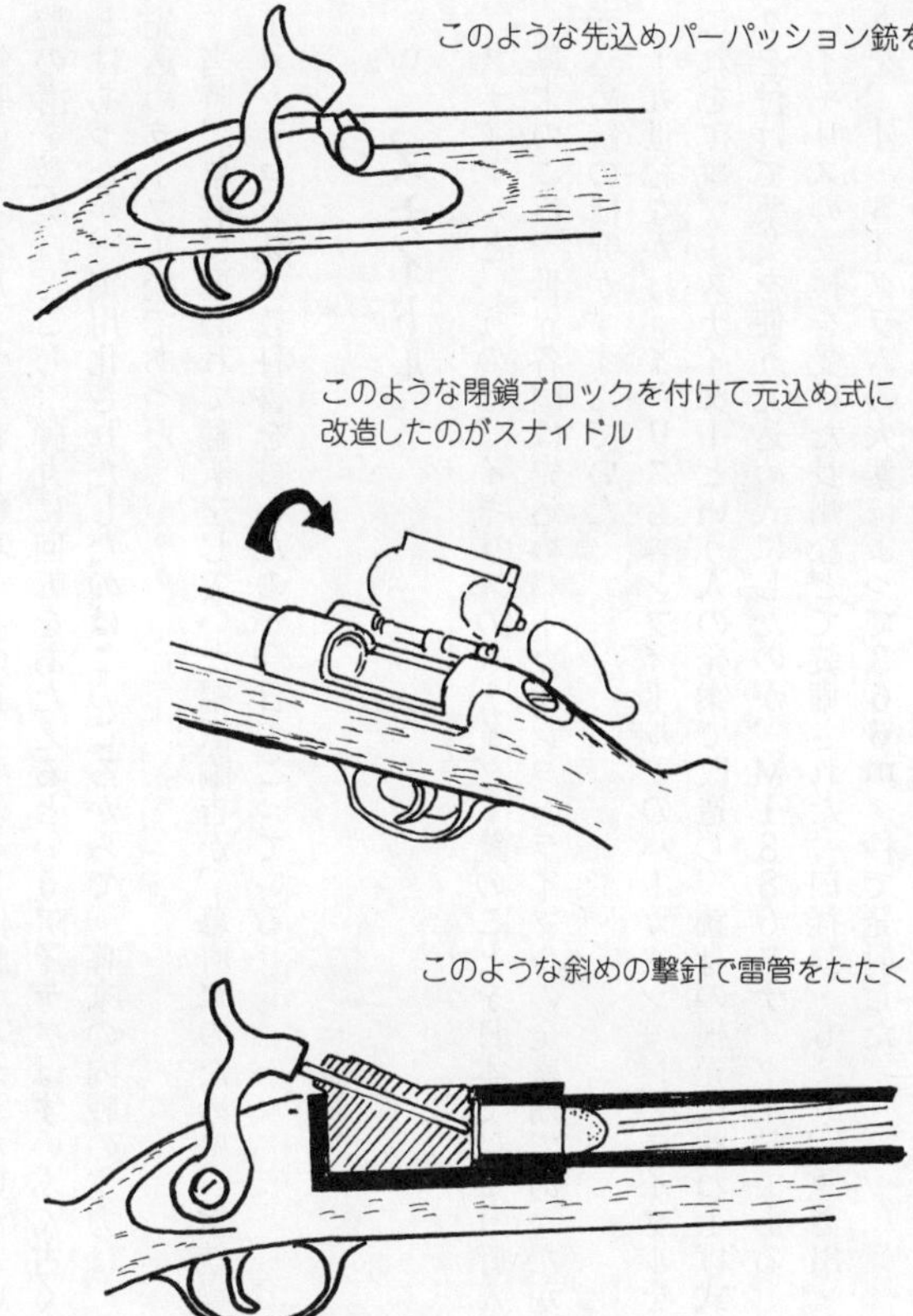

このような閉鎖ブロックを付けて元込め式に
改造したのがスナイドル

このような斜めの撃針で雷管をたたく

幕末から西南の役にかけて使われたスナイドル

銃腔にライフル、すなわち銃身1本の長さで1~2回転するかしないかという緩やかな螺旋の溝を数条ほどこし、弾丸に回転をあたえるというアイデアはずいぶん古くからあったことはあったが、実用化されだしたのはこのころからで、幕末の内戦の主力は、この管打ち式先込めライフル銃であった。

当時、幕府に雇われて翻訳をしていた福沢諭吉が、幕府軍のために「雷銃繰法」というパーカッション銃の教科書を書いたのが今日のこっている。

9 スナイドル

スナイドルというのは、イギリスのスナイダー銃のことを日本ではこう呼んだのである。

幕末のころ、世界各国は先込めパーカッションライフルの全盛期であったが、薬莢を使う元込め銃の研究がすすんでいた。

十九世紀なかば、イギリスもエンフィールドのパーカッション・ライフルを使っていたが、これをヤコブ・スナイダーという人の発案で改造し、銃身の根元に跳ね上げ式の閉鎖ブロックを付けて薬莢を使う元込め式にしたのが、M1886スナイダー銃である。日本では幕末にイギリスの支援を受けた長州などで装備された。口径14・6ミリ、重さ31・3グラムの弾丸を、4・54グラムの火薬によって366m/秒で発射した。

スナイドル銃は幕末の戊辰戦争で使われたが、当時はまだ数は少なく、主力は先込めのパーカッション銃であった。

明治維新後に日本陸軍が創設されたが、すぐに国産のよい銃がつくれるわけでもなかったので、日本陸軍の最初の小銃はスナイドルとなり、西南の役ではこれが主力となった。ヨーロッパ人向けにつくられた寸法の銃なので、日本人には少々扱いにくかった。

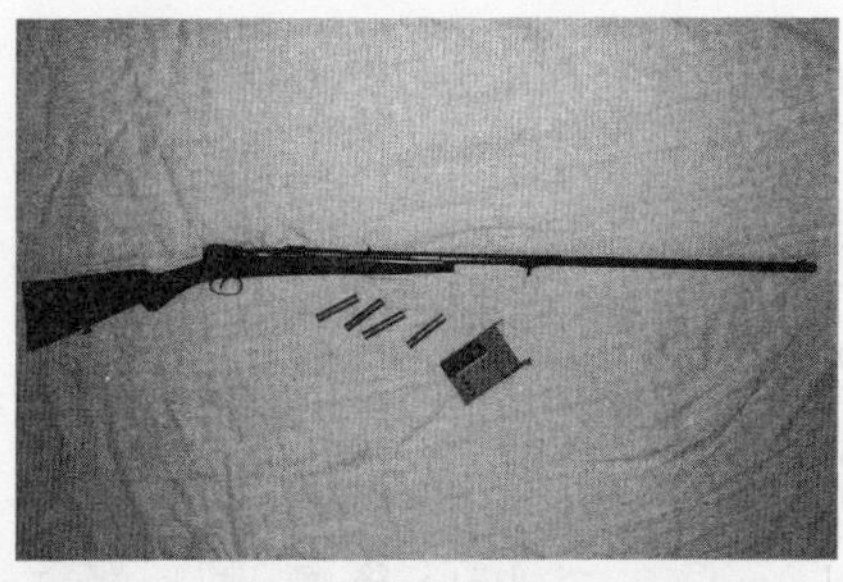
マタギの村田銃

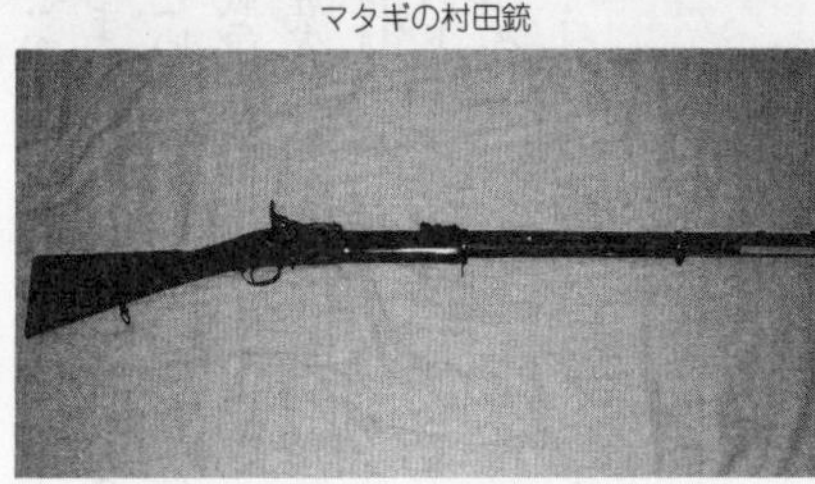
幕末から西南の役にかけて使われたスナイドル

10　村田銃

明治維新も軌道に乗り、日本にも近代的な銃を製造できる国営の兵器工場ができて、国産最初の小銃としてつくられたのが村田銃である。

口径11ミリ、27グラムの弾丸を5・3グラムの黒色火薬を使って419m／秒で発射した。

設計者の村田経芳という人の体格については具体的な資料がないが、構えた銃に鉄棒のように子供を懸垂させている写真がのこっているので、体格はよかったのであろう。明治十三年（一八八〇年）、彼の最初の設計のままにつくった十三年式は実際に部隊に配備してみると、たいていの兵隊には大きすぎるということがわかって、銃床を少し短く、握りを細くした十八年式に改良され、これが日清戦争の主役をつとめた。

その後、日露戦争では無煙火薬を使う三十年式が主力となり、村田銃は輸送隊など後方部隊で使われたが、日露戦争後は正式装備からはずされた。

のちに村田銃は民間に払い下げられ、猟銃として活用されたが、猟銃になった数はそう多くないのではないかと思われる。現存する村田式猟銃のほとんどは軍用村田銃を改造したものではなく、民間の鉄砲屋で村田式の機構でつくったコピー品だからである。

11 村田式猟銃

筆者は残念ながら軍用村田銃を撃ったことがない。筆者の村田銃はマタギ・タイプで、28番真鍮薬莢を使う散弾銃である。これで鳥を撃とうとすると散弾は15グラム、火薬量は黒色火薬2・5グラムほどになる。薬莢の長さからすればもっと詰めることはできるが、現在ではもう生産されていない貴重な薬莢であるから、標準薬量を超えて寿命を縮めるわけにはいかない。

この散弾量は現代の狩猟用散弾銃の最も多い口径12番の標準装弾の半分である。これでクレー射撃をやってみたら、25枚中1枚も割れなかった。腕がよければ何枚か割れると思うのだが。弾速も遅いのでクレーの後ろばかり撃っていたのではないかと思う。

この銃を大物猟に使うのはいささか心細い。直径13ミリほど、重さ15グラムの丸弾を2・6グラムの黒色火薬で発射して秒速300メートル、その運動エネルギーは45口径のコルトの軍用拳銃をわずかに上回る程度で、とうてい自信を持って鹿や猪を撃てる威力ではない。でも、昔のマタギはこんなもので猟をしていたんだなー。

反動はじつに柔らか、ドーンと間延びした発射音、煙だけはすごい。

村田銃に使う真鍮薬莢は現在、生産されていないので、今ある薬莢を何度も再利用しなければならない。だから薬莢を長持ちさせるためにも標準薬量を超えて詰めるようなことはできない。

雷管も現代の雷管とは規格が違うのだが、売られている。それは防衛省規格の砲弾の信管のなかに組み込む雷管にこのサイズのものがあるので、それで生産があるのだ。

12　三八式

日清戦争で使われた十八年式は単発であった。しかし、ボルトアクションという構造は弾倉を付けて手動連発銃に発展させることができる。それで明治二十二年（一八八九年）に口径8ミリで銃身の下に平行したチューブ弾倉を持つ二十二年式村田連発銃というものがつく

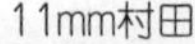

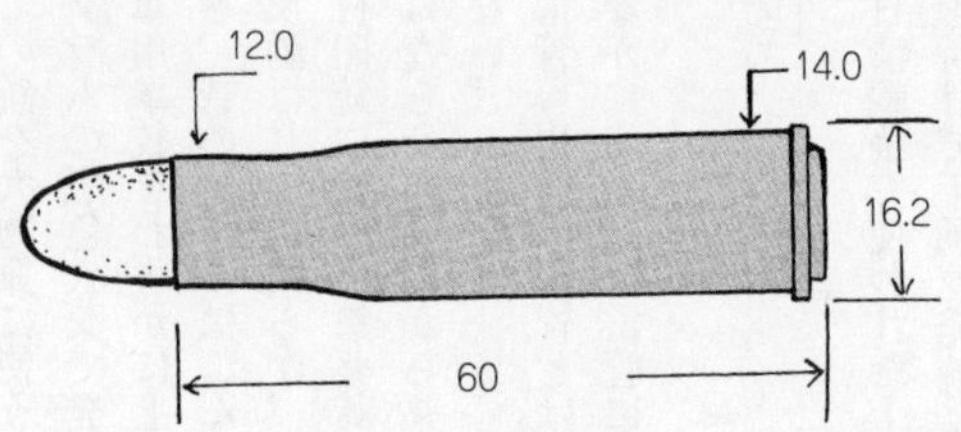

村田改造猟銃用30番薬莢

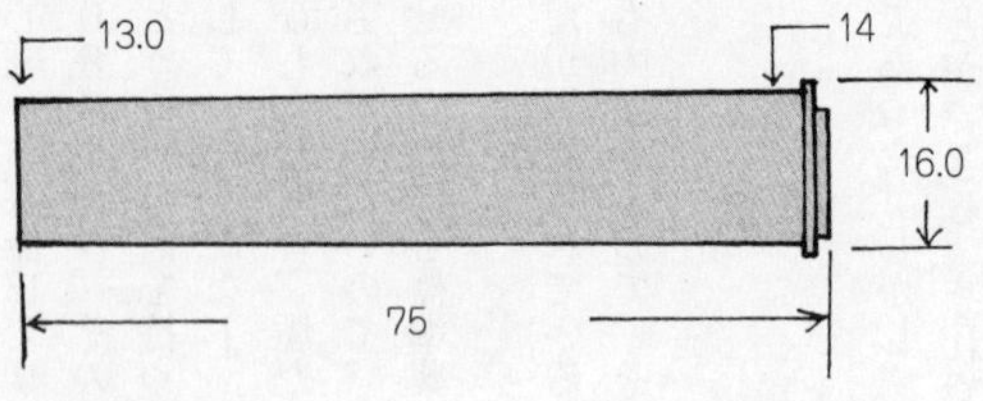

8mm村田

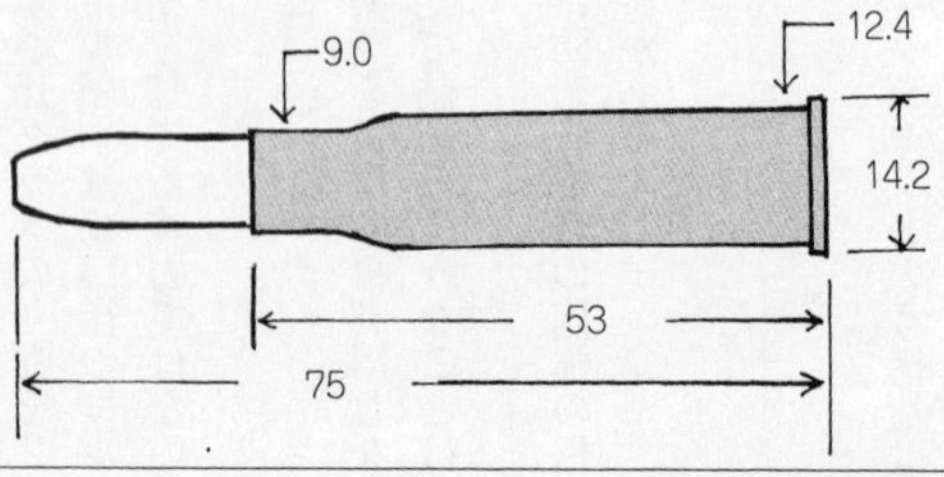

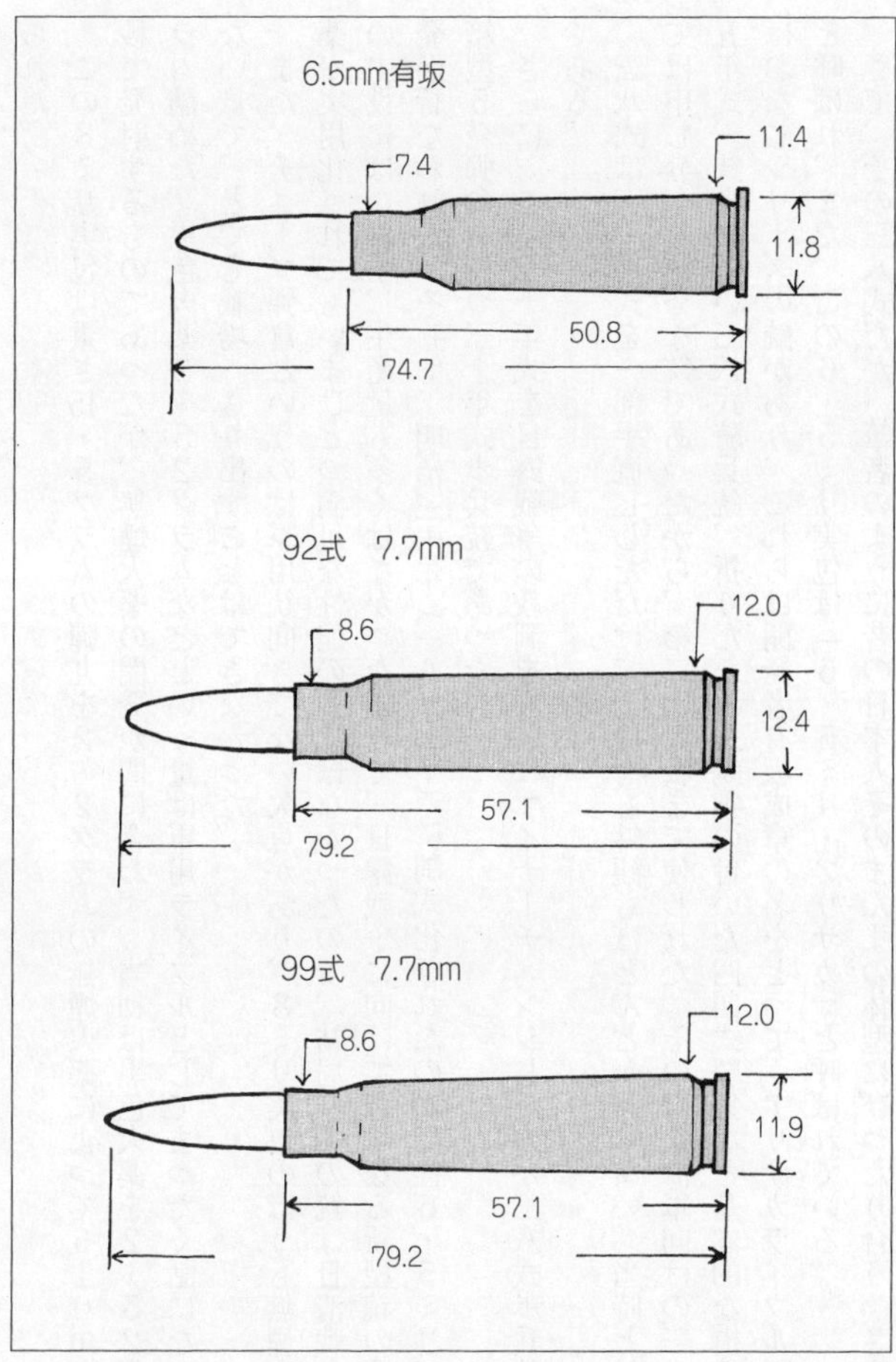
6.5mm有坂
7.4
11.4
11.8
50.8
74.7
92式　7.7mm
8.6
12.0
12.4
57.1
79.2
99式　7.7mm
8.6
12.0
11.9
57.1
79.2

られた。

この8ミリ実包は重さ15・5グラムの弾丸を2・2グラムの無煙火薬によって610m／秒で発射するものであったが、無煙火薬の開発が間に合わず、当初は黒色火薬を2・52グラム詰めた。黒色火薬2・52グラムなどという量は軍用ライフルとしてまったく話にならない量で、とても戦場へ送り出すことはできなかった。

また、チューブ弾倉というのは軍用銃向きでない欠点があり、8ミリ実包のほうも無煙火薬が実用化されてもいまひとつ満足な性能の弾ではなかったので、結局、この銃は日清戦争の主役にはなれず、生産量も多くはなかったようで、日露戦争に向けてさらなる新型銃の開発が行なわれた。そして、明治三十年（一八九七年）に制式化されたのが口径6・5ミリ、箱型5発弾倉を持つ三十年式歩兵銃であった。

さらに、この三十年式を日露戦争の教訓をもとにマイナーチェンジしたのが三八式歩兵銃である。

三八式は三十年式を一部手直ししただけで、機構も外観もほとんどかわらない。当時としては申し分なく優秀な銃であったから、第二次大戦まで使われた。そのほか海軍向けの三十五年式、銃身の短い三八式騎兵銃、折りたたみ式銃剣の付いた四四式騎銃など基本的な構造はおなじシリーズの銃があり、これらは開発者有坂成章の名をとって「アリサカライフル」と呼ばれ、また、この6・5ミリ実包は「6・5ミリ・アリサカ」と呼ばれている。

さて、その三八式だが、筆者のように昔の日本人そのまんまの体型にぴったり合う。さすが昔の国産銃。ただ歩兵銃は銃剣を着けて突撃するときのために長くつくってあり、少々長すぎる。短い三八式騎兵銃のほうなら現代でも鹿狩り用ライフルとしてよさそうである。

反動は軽くて初心者が撃っても苦にならない程度だ。おなじ時代のドイツのモーゼル98やアメリカのスプリングフィールドＭ１９０３にくらべてずっと楽である。それもそのはず、口径が小さく火薬量が少ないのだから当然だが、２０００メートル飛んだあと人を殺傷するだけの力があり、けっして威力不足ではない。

もし、筆者が第二次大戦前のボルトアクション小銃をどれか選んで戦場へ行けといわれたら、選ぶのはドイツのモーゼル98でもアメリカのスプリングフィールドＭ１９０３でもなく、三八式騎兵銃か四四式騎銃だ。

だが、三八式はじめ日本軍のボルトアクション銃にはひとつ好きになれないところもある。ボルトを前進させるときに撃針のばねを圧縮することだ。ボルトを閉じるとき、ボルトをぐっと力を入れて前へ押し込むようにして倒さなくてはならない。これはボルトアクション機構が発明されたばかりの初期の方式をそのまま引き継いでいる。現代のボルトアクションはモーゼル98にみられるように、ボルトを起こすときにばねを圧縮する。そのほうが連続射撃するときボルト操作が滑らかにできる。

それでも筆者は、体格に合う、反動が軽い、弾道性能がいいことから、総合的に三八式が好きである。

13 スプリングフィールドM1903

日本でいうと日清戦争のころ、世界各国の軍隊はまだ黒色火薬単発の銃を使っていたが、無煙火薬が発明され、銃のほうも弾倉を持つ手動連発銃への移行が研究されていた。

いまでこそアメリカは世界最新鋭のハイテク装備を持つ軍事大国だが、そのころのアメリカは軍事的には二流で、装備している小銃にしても日本の村田銃のほうがずっと優れたものだった。

そこでアメリカはヨーロッパ諸国から新型小銃を取り寄せて（日本の二十二年式村田銃も取り寄せ）比較研究した結果、デンマークのクラーグ・ヨルゲンセン銃を国産化して、U・S・クラーグライフルM1892という5発弾倉を持つボルトアクション銃をつくった。その弾が30―40クラーグ弾で、最初の30は口径0・30インチ（7・62ミリ）、後ろの40は無煙火薬40グレイン（2・56グラム）を表わしている。

これによって、アメリカは世界最新の小銃を持ったと思った。

ところが一八九八年、当時スペインの植民地であったキューバとフィリピンを奪い取るためにスペインと戦争をして、この銃がスペイン軍の銃に対して劣っていることがわかった。

クラーグ銃は5発弾倉を持っているとはいっても、その5発の弾をカチャリカチャリと1発ずつ弾倉に込めてやらねばならない。それに対し、モーゼルの設計によってスペインがつくったスパニッシュ・モーゼルM93は、クリップでまとめられた5発の弾を一度に押し込めることができた。

また、30―40弾は初速610m／秒と遅く、そのうえ空気抵抗の大きな円頭弾で、遠距離射撃の性能に劣るのに対し、スペインの7×57モーゼル弾は初速810m／秒の高速であるうえ空気抵抗の少ない尖頭弾で遠距離射撃の性能に優れていた。

この戦争は結局、海軍の活躍によってアメリカが勝ったものの、陸軍にとってはアメリカ軍は二流だということを露呈したような戦いだった。

そこでアメリカは、今度はモーゼルの設計を参考にスプリングフィールドM1903小銃を開発した。

その弾薬が30―03であった。最初の30は口径、後ろの03は一九〇三年を意味している。

ところが、銃は成功作だったのだが、弾薬がいまひとつよくなかった。初速を700m／秒まで高めはしたものの、弾頭形状が依然として空気抵抗の大きな円頭弾で遠射性能に難があった。そこで弾薬が再設計され、一九〇六年に30―06実包が完成した。これは150グレイン（9・6グラム）の弾丸を3・2グラムの火薬によって800m／秒で撃ち出すことができた。

そして、M1903小銃は30―06実包を使用できるように薬室を削りなおす改修が行なわれ、第一次大戦から第二次大戦の前半、部分的には朝鮮戦争ころまで使われた。ごく少数だが、第二次大戦後、日本に自衛隊が創設されてアメリカの中古装備が供与されたとき、

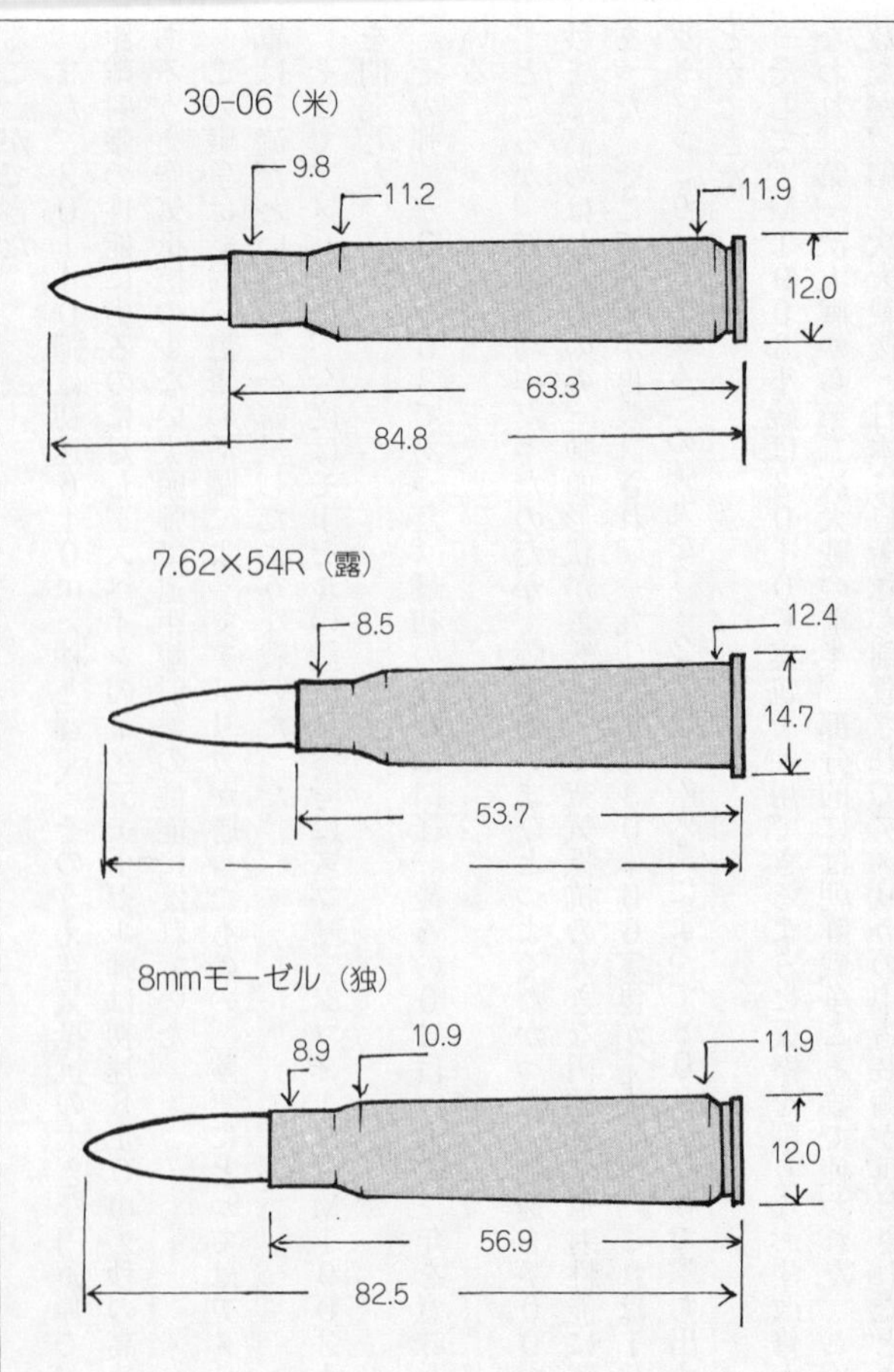
30-06（米）
9.8
11.2
11.9
12.0
63.3
84.8
7.62×54R（露）
8.5
12.4
14.7
53.7
8mmモーゼル（独）
8.9
10.9
11.9
12.0
56.9
82.5

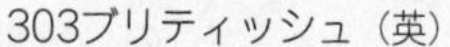
303ブリティッシュ（英）

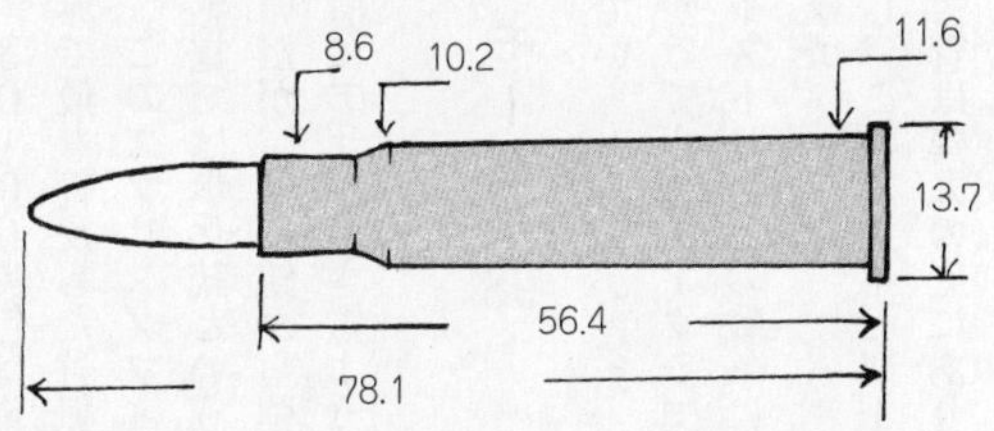
8.6
10.2
11.6
13.7
56.4
78.1

6.5mmカルカノ（伊）

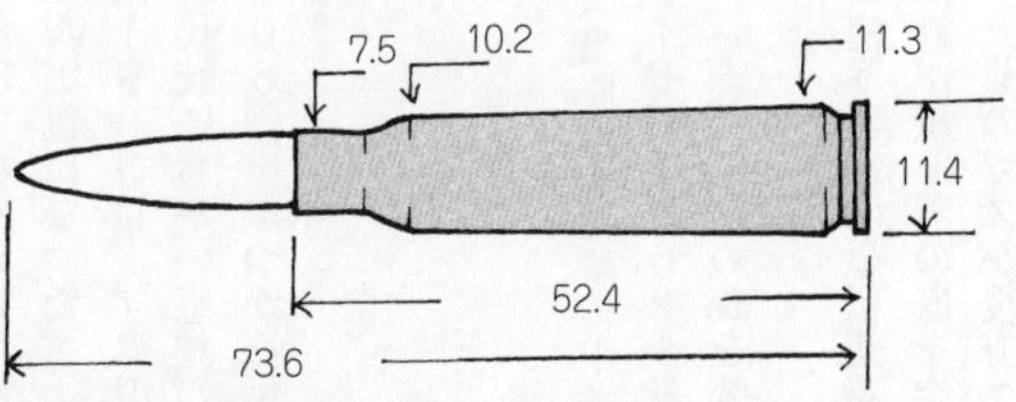
7.5
10.2
11.3
11.4
52.4
73.6

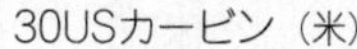
30USカービン（米）

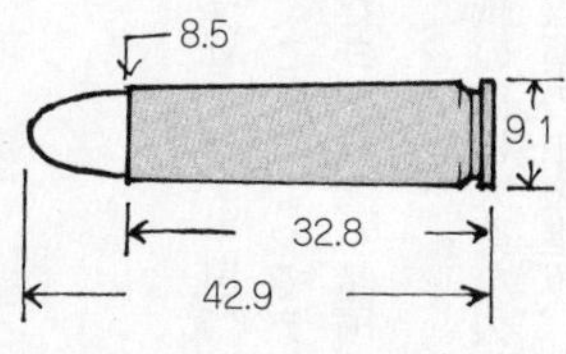
8.5
9.1
32.8
42.9

M1903も狙撃銃として供与されている。

また、30―06実包は軍用としてだけでなく狩猟用にもこの実包を使う銃が多くつくられ、世界で最も普及した狩猟用ライフル実包になった。

さて、このスプリングフィールドM1903は、アメリカ兵が使うにしては小ぶりで軽い。当時の感覚では歩兵銃というよりも騎兵銃にちかい感覚だ。筆者の体格でも使いやすいと思うくらいだが、軽い銃から強い30―06弾を撃つから反動はピシッと鋭い。ほんの数発撃てば、肩にアザができるような感じだ。

14 モーゼル98

日本でいうと幕末のころ、ドイツ（当時はまだ統一ドイツでなくプロイセン王国）は世界にさきがけてボルトアクションのドライゼM1862小銃を採用し、これによってデンマークやオーストリアとの戦争に勝利し、いまだ先込め銃を装備していたヨーロッパ諸国に衝撃をあたえた。

しかし、このドライゼM1862に使う実包は金属薬莢ではなく紙の筒に火薬を入れたもので、雷管は弾丸の底にあり、長い撃針が紙薬莢の底を突き破って火薬の中を進み、弾丸の底の雷管を発火させるというもので、火薬のガスが後方へ漏れるのを完全に塞ぐことができず、けっして使いやすい銃ではなかった。それでも諸外国の先込め銃は1分間に3発程度し

39　モーゼル98

九九式短小銃

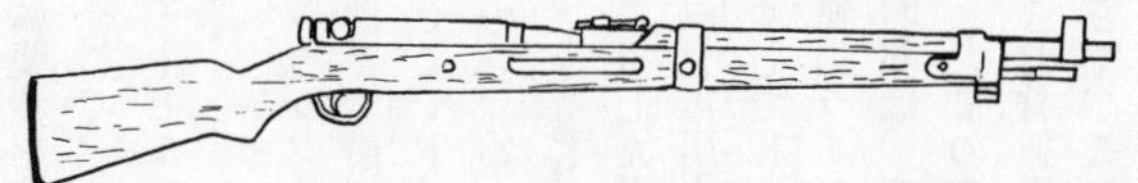

リー・エンフィールドNo.1 MkⅢ

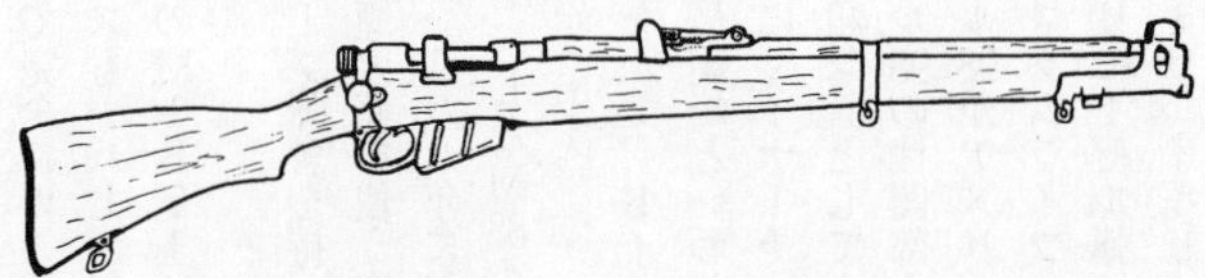

スプリングフィールドM1903

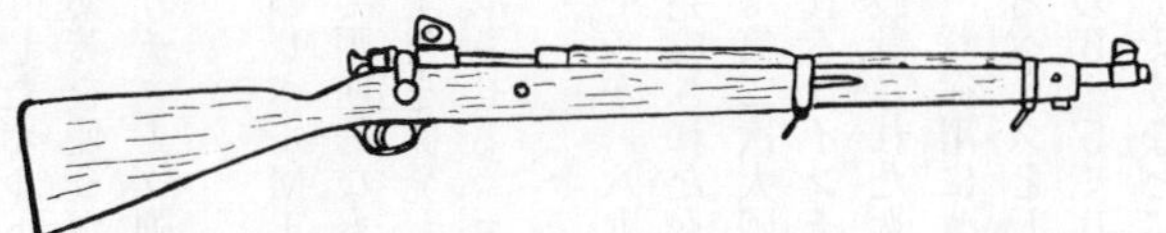

M1ライフル

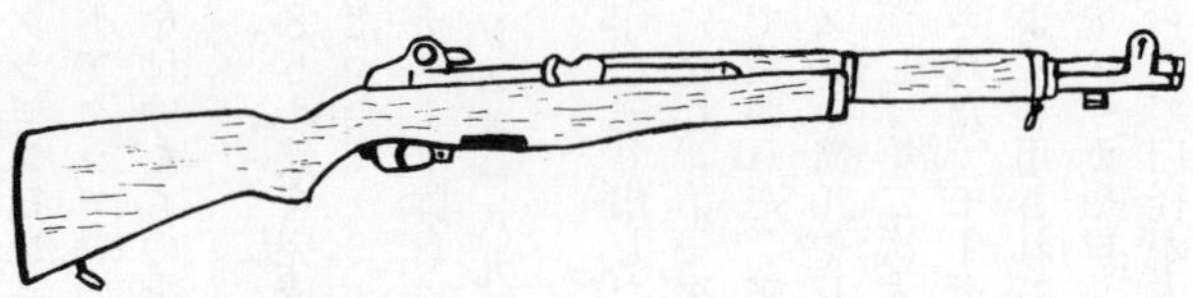

か撃てず、立った姿勢で装填しなければならないのに対し、ドライゼ銃は1分間に10発も撃つことができ、伏せた姿勢で装填できた。

　これに驚いたフランスは一八六六年にはドライゼを真似たシャスポー銃をつくった（これは日本の徳川幕府へ軍事援助で送られたりもした）が、ドイツはモーゼルが一八七一年、金属薬莢を使用して完全にガス漏れをなくしたボルトアクション銃を完成させた。

そこで、フランスも一八七四年に金属薬莢を使うボルトアクションのグラー銃をつくった。モーゼルは単発のM１８７１に８発入りチューブ弾倉を付けたものを一八八四年に開発した。

フランスもチューブ弾倉を持つ８連発のレベルM１８８６小銃を完成させるが、その実包は世界で最初に無煙火薬を使う実包として画期的なものだった。

そこでドイツも一八八八年に無煙火薬実包を開発し、チューブ弾倉は軍用として欠点があるので、箱型弾倉にしたM88小銃を完成させる。フランスは一八九〇年に箱型弾倉のM１ｅ１８９０を送り出す。

こうした競争のなかで、ドイツのモーゼルが一八九八年に送り出したG98は、ボルトアクション軍用小銃の最高峰といわれるほど完成されたものになり、第一次大戦後、銃身を少し短くしたKａｒ98にマイナーチェンジして第二次大戦まで使われた。アメリカで人気のある狩猟用ライフル、狙撃銃としても用いられるウインチェスターM70やレミントンM７００の機関部は、モーゼル98の機関部を参考に設計されたものだし、第二次大戦でドイツが負けたあと大量のモーゼル98がアメリカに渡り、狩猟用に改造された。モーゼル98の機関部は、今日なお狩猟用のカスタムライフルをつくるベースとしてよく利用されている。

さて、この8ミリモーゼル弾は、日本の６・５ミリ、アメリカやロシアの７・６２ミリ、フランスの７・５ミリ、イギリスの７・７ミリなどにくらべて口径が大きい。日本の６・５

ミリなどは空気抵抗の少ない細長い弾丸を使い、少ない火薬量でも遠距離射撃性能に優れた弾にしているのだが、この8ミリモーゼル弾は、12・8グラムの弾丸を3グラムの火薬により850m／秒で撃ち出す。空気抵抗を重い弾丸で押し切って遠距離射撃性能を確保するという、あまりスマートでない弾である。

したがって、反動は強い。三八式の倍も反動を感じる。アメリカのスプリングフィールドM1903が平手打ちされるようなピシッと鋭い反動であるのに対し、グローブを付けて重いパンチを打ち込まれているような反動だ。数発でアザができるというような反動ではないが、ズン、と強い力で肩が押される。あとで疲労が残るような反動だ。

モーゼル98はいい銃で、もし筆者がドイツ兵なみの体格を持っていたら、三八式がいいなどといわず、モーゼルを絶賛しているかもしれない。が、それにしてもこの反動の強さはいただけない。

15　リー・エンフィールド

一八八九年、日本が二十二年式村田連発銃を制定したころ、イギリスは口径7・7ミリの無煙火薬実包を使用する、箱弾倉のボルトアクション小銃リー・メトフォード小銃を制式化した。それは一八九五年、銃腔に施されているライフリングの形式がメトフォード式からエンフィールド式に変更され、「リー・エンフィールド」と呼ばれるようになったが、銃腔内部の工作の変化で銃の構造も外観も変わってはいない。銃腔に施されるライフリングをどうしてメトフォード式からエンフィールド式に変更しなければならなかったのかは筆者にはわからない。日本軍の銃は第二次大戦までずっとメトフォード式のライフリングを使っていて何の問題もなかったのだから。

その後、リー・エンフィールド小銃は全長を短くしたり、いくつかのマイナーチェンジをしながらも基本的には原型のまま第二次大戦まで使われた。日清戦争前の時代にこんな銃をつくったのはすごいことだが、それを第二次大戦まで使ったというのもすごいことだ。

このリー・エンフィールド小銃に使う303ブリティッシュ実包は、重さ11・3グラムの弾丸を2・4グラムの火薬によって630m／秒で発射する。出現当時は世界最高性能の弾だったかもしれないが、第二次大戦で使われた各国の小銃のなかでは最も低性能の弾になった。しかし、撃つのは楽である。比較的重めのリー・エンフィールド小銃から、比較的低威力の303ブリティッシュを撃つのだから、反動は軽く、三八式を撃っているような感じである。数十発つづけて撃っても肩にアザはできなかった。

16　イギリスの銃はなぜだめか

日清戦争ころ開発されたリー・エンフィールド銃を第二次大戦まで使ったというのは、どうもイギリスには銃を設計する能力がないらしい。拳銃でもイギリスで設計したウエブリー

&スコットなど、よくもこんなセンスの悪い設計をしたものだと思うようなものだし、第二次大戦で陸軍が使ったブレン軽機関銃はチェコのブルーノー軽機関銃のコピーだった。大戦後のイギリス軍の装備は小銃も拳銃も機関銃もベルギーで設計されたものになったし、二十世紀末になって国産したL85小銃は信頼性が低く、敵中深く潜入する特殊部隊は、ドイツ製やアメリカ製の銃を好んで用い国産銃を使わない。

どうも、イギリスには銃を設計する能力がないようだ。

なぜそうなのかというと、イギリスは日本とおなじくらい銃規制の強い国で国民が銃に縁遠い。よい銃を設計するためには、多くの種類の銃を使って狩猟や射撃をやって、「よい銃とはこういうものだ」ということを理解しなければならない。そうしないと、よい銃を設計するセンスが身につかない。銃規制が強い国では、そういう機会が得られないからセンスのよい設計者が生まれない。

他人ごとではない。日本もそうだ。日本も銃規制が強く、銃になじみのない国民であるが故によい銃を設計できないのである。

17　三八式がなぜ好きか

第二次大戦で使われた各国のボルトアクション小銃のなかで、筆者が一番好きなのは三八式である。もし、ボルトアクション小銃のなかからどれか選んで戦場へ持っていけといわれたら、三八式騎兵銃か四四式騎銃だ。

なぜかというと、筆者は昔の日本兵そのままのような体格だから、日本の銃が体格に合って使いやすいのである。なんといっても銃は体格に合うことが重要だ。

さらに、使用する6・5ミリ有坂実包がいいのだ。これは9グラムの弾丸を2・3グラムの火薬で初速750m／秒で撃ち出す。反動は軽くて撃ちやすい。

アメリカやドイツの実包にくらべ3分の2ほどの火薬しか入っていないのだから、反動が軽いのは当然だが、ということは威力が弱いのではないか？

どっこい、弾丸というものは空気抵抗のなかを飛ぶのだ。

6・5ミリ弾を三八式から撃ち出した初速は750m／秒で、アメリカの30―06の850m／秒より遅いようである。ところが、弾丸の重さも30―06弾よりわずかに軽いにもかかわらず、口径6・5ミリの細長い弾丸は空気抵抗による速度低下が少なく、500メートル以上の遠距離射撃になると30―06を追い越して目標に早く着弾するのだ。

弾丸は引力によって落下するから、放物線をえがいて飛んで行く。だから目標までの距離が300メートルだと思って撃ったが、じつは200メートルだったとか、400メートルだったとか――近ければ弾は目標の上へ行くし、遠ければ下へ行く。そこで弾の速度が速ければ、目標に到達するまでの時間が短ければ弾の落下は少なく、放物線はフラットになり距離の読み違いをしても弾着の上下差が小さい。つまり命中率が高くなる。反動が軽いからますます命中率は高くなる。さらに実包が小型で軽いからたくさん持っても楽なのだ。

8ミリ・モーゼル弾100発は2644グラム、30―06弾100発は2566グラム、日本の6・5ミリ有坂実包100発の重量は2113グラムである。モーゼル実包にくらべれば500グラム以上軽い。この差で手榴弾1個か弁当1食を多く持てるではないか。日本の6・5ミリ弾はこのように軽くてたくさん持つことができ、反動が小さくて撃ちやすく（そこでまた命中率がよくなる）遠距離射撃性能に優れたすばらしい弾だった。

この時代、ドイツ歩兵の弾薬盒は60発入り。アメリカ歩兵の弾薬盒は100発入り。日本歩兵の弾薬盒は120発入りだった。明治時代のアメリカの小銃と日本の小銃を比較すると、アメリカのスプリングフィールドM1903のほうが銃剣格闘を重視したストレートグリップで、日本の三十年式や三八式のほうが射撃の精度を重視するセミ・ピストルグリップをしていた。

明治時代の日本軍は、火力で敵を凌駕しようという明確な思想を持っていたのだ。

18　九九式小銃

明治三十年制定の三十年式小銃に使われた6・5ミリ有坂実包は、三十年式をマイナーチェンジした三八式歩兵銃、これを短くした三八式騎兵銃、着脱式の銃剣ではなく、折りたたみ式の槍を付けた四四式騎銃、三脚に乗った重機関銃である三年式機関銃や歩兵とともに身軽に移動できる十一年式軽機関銃、これは給弾機構にトラブルが多かったので更新用に九六式軽機関銃と、昭和初期まで日本軍の各種小火器に使われていた。6・5ミリ有坂実包は小型軽量で反動が軽く、それでいて遠距離射撃の性能に優れた優秀な弾だった。

ところが、昭和のはじめになって「威力不足」という声が出はじめるのである。日露戦争で威力不足という声のなかったものが、昭和になってどうして威力不足なのか、2000メートル飛んだのちなお殺傷力のある弾、300メートルの距離で1メートルも土にめりこむほどの弾のどこが威力不足なのか。

致命部へあたらず、戦死でなく負傷となった敵兵の傷の治癒が早く、負傷兵の戦線復帰が早いだの、弾が頭の上を飛んでいくときの音が小さいから中国兵が音に驚いて逃げ出さないだのという理由が述べられているが、単に兵器開発担当者が仕事をつくって、開発の功績とかいう理由で勲章をもらいたかっただけではないのかと筆者は疑っている。

ともかく、そのような説得力のない理由で口径6・5ミリの三年式機関銃を7・7ミリに大きくした九二式重機関銃がつくられた。12・7グラムの弾丸を2・86グラムの火薬で730m/秒で発射するものだった。

重機関銃の弾を大きくしたのは、まあよしとしよう。ところが、重機関銃と歩兵銃の弾が共通でないのは補給上不便だから、小銃も7・7ミリにするということで口径7・7ミリの九九式小銃と九九式軽機関銃がつくられた。せっかく6・5ミリの優秀な弾を使っていたのに、その長所を葬り去ったのだ。

47　九九式小銃

九九式7・7ミリは11・8グラムの弾丸を2・79グラムの火薬で発射し、730m／秒で発射した。6・5ミリ実包1発の重さ21グラムに対して九九式7・7ミリ実包1発の重さは27グラム。これはアメリカの30―06実包の1発25・7グラムより重いのだ。弾は重くなり、弾道の放物線は大きくなり、反動は強くなった。

さらに補給上の便利といいながら、九二式重機関銃用の九二式7・7ミリ実包と九九式用の7・7ミリ実包はおなじように見えて、じつは薬莢底のリムの直径が違っていた。九二式はリム径が胴径より広いセミリム型、九九式はリムレス型だった。

モーゼル98（上）と三八式騎兵銃

それで九九式の弾を使う一式機関銃をつくるというようなことを、太平洋戦争のはじまる直前にやって、結果はあの大戦争の最中に何種類もの弾を補給しなければならないという大失敗になってしまった。

九九式小銃じたいはメカ的には三八式とほとんどおなじものである（どうせならモーゼル98のようにボルトを起こすときにスプリングが圧縮される方式に改良すればよかった）。最初、三八式とほとんどおなじ長さでつくられたが、すぐに16センチほど短くして全長126センチの「九九式短小銃」になった。生産された九九式のほとんどは、この短小銃である。短くしたので、使う弾が大きくなっても三八式より重くならないですんだ。

比較的平和な時代に職人仕事で丁寧につくられた三八式と異なり、戦時中につくられた九九式は仕上げが粗く、戦争末期にはひどい製品になっていったので九九式をよくいう人はいない。それでも九九式は職人仕事の三八式より部品の互換性だけはよかった。三八式は故障した部品を交換するとき、そのままではぴったりせず、1梃1梃に合わせて少し部品にヤスリかけをして調整してやらねばならないことが多かった。

九九式はのちに自衛隊が創設されたとき、アメリカの30―06実包を使えるように薬室を削り直して後方部隊の装備に使われたが、7・62ミリの弾丸を7・7ミリの銃身で撃つのだから、まともに命中しない。この時期、九九式を使った人の評価はボロクソである。

19 M1ライフル

第一次大戦ころ、世界各国はボルトアクション式の小銃を装備していた。自動銃の研究もぽつぽつ行なわれてはいたが、まだ本格的なものではなかった。自動銃の必要性がさほど感じられていなかったからである。

だが、第一次大戦がはじまると自動銃の必要性が痛感されるようになってきた。それまで歩兵部隊は数百メートルから1000メートルも離れて横隊に広がって射撃をしていた。ところが、そうした歩兵の隊列は機関銃によって将棋倒しに打ち倒されるようになった。機関銃の据えられた陣地を歩兵が従来式の方法で攻撃すれば死人の山ができた。

そこで夜襲をかけたり壕を掘りながら接近したりして接近戦乱戦にもちこむことが多くなり、歩兵の銃は遠距離でじっくり狙って撃つよりも近距離での速射が求められるようになってきた。

その経験から第一次大戦後、各国は自動小銃の研究に取り組むのだが、大戦後は世界じゅうが不況で、試作はしても本当に自動銃を大量生産して陸軍の全部隊の銃を更新するのは困難だった。

アメリカでもいくつかの試作を経て一九三六年にM1ライフルが制定はされたものの、第二次大戦がはじまるまで大量生産は行なわれなかった。しかし、戦争がはじまるとアメリカの工業力はすさまじく、550万梃も生産された。ドイツやソ連は一部の部隊が自動銃を装備したにとどまり、その他の国はほとんど試作の域を出なかった。

M1ライフルはガーランドという人が設計したから、通の人からはガーランド・ライフルと呼ばれる。

まことに堅牢で信頼性が高く、扱いやすい傑作銃であったが、少々重く、4・3キロもあった。

4・3キロくらいの重さは射撃場で的を撃つには重すぎることはなく、安定した射撃のためにはそれくらいの重さがあったほうがいいくらいだし、軽い銃で強い弾を撃つためにアザができるほど反動の強かったスプリングフィールド銃と異なり、M1ライフルは銃が重いうえに自動銃なのでクッションのある反動で、射撃するのは楽だ。しかし、各種装備を身に付け、行軍して戦闘するとなると重い銃は大変だ。だが、体格のいいアメリカ兵は、この重さをあまり苦にしなかったようである。

このM1ライフルは構造的に他の銃には見られないユニークな部分がある。それは給弾方式で、8発の弾をまとめたクリップを機関部の上から押し込む。8発撃ち終わった瞬間、空になったクリップは上方にはじき出され、地面に落ちたクリップが「チャリーン」と音を立てる。

それはそれでこの銃のおもしろいところなのだが、この音で弾が切れたことを敵に知られる。そして、つぎの8発入りクリップを腰のベルトから抜き出して銃に込めている間に敵に突っ込んで来られる、それはこの銃の欠点だ、という評価がある。

実際にそんな近くで撃ち合うことは例外だし、戦争は大勢で撃ち合うのだから、ひとりの銃の弾が切れたのを察知したところで、飛び出して来ればほかの兵士に撃たれる。クリップの落ちる音などは欠点というほどのことではないと筆者は思う。

しかし、弾を8発クリップごと銃に押し込み、この8発を撃ち終わらないと途中で弾を補充することができないのは欠点だといえる。何発か撃って、それから少し前方の物陰なり窪地なりめがけて走り出そうとするとき、弾は弾倉いっぱいにしてから走り出したいではないか。

20　M1カービン

M1ライフルは信頼性の高い優れた銃であったが、それまで使っていたスプリングフィールドM1903にくらべるとゴツくて重い銃だった。小銃を使って戦闘するのが主任務の歩兵はそれでもいいとして、工兵や通信兵など、銃以外にも重い機材を持たねばならない兵士は大変だった。それでアメリカ軍はそうした支援兵科の隊員が使う小型軽量小銃の開発に乗り出し、いくつかの試作を経て一九四一年にM1カービンを制式採用した。

その小型軽量なことは、体積ではM1ガーランド・ライフルの半分くらいの感じだ。重さ2・5キロ、長さ90センチ、子供用の銃かというくらい小さい。口径こそ0・3インチでM1ライフルとおなじだが、弾丸の直径がおなじというだけで、7グラムの弾丸を0・83グラムの火薬で600m／秒で撃ち出すというM1ライフル用の30―06弾にくらべると4分の1ほどの威力の小さな実包を使うのだ。撃った音もM1ライフルならば「ドカーン」と地響きがするほどの音だが、カービンは「パン」という音、反動もM1ライフルのように体が揺り動かされるような反動ではなく、ちょんちょんと肩を押される感じである。

だからといって、カービン弾の威力を馬鹿にしてはいけない。従来の歩兵銃の弾とくらべるから小さく感じるが、拳銃の357マグナム弾とほぼおなじ威力があるのだ。近距離なら壁の後ろにいる敵兵を壁ごと撃ち貫くくらいできる。200メートル以内の戦闘なら軍用として十分な威力がある。実際、戦場で200メートル以上離れた敵を射撃する機会がどれほどあるだろうか?

このM1カービンは当初、セミオートマチックで15発入り着脱弾倉を持つ銃としてつくられた。しかし、数点の部品を追加するだけでフルオート射撃も可能なように改造でき、それに30蓮弾倉を付けたものがM2カービンで、一九四四年の第二次大戦末期に制式化された。

筆者は、第二次大戦で使われたボルトアクション銃で一番気に入っているのは三八式騎兵銃なのだが、自動銃をふくめて第二次大戦で使われた銃で、どれでも選んで戦場へ持っていけ、といわれれば、このM2カービンである。第二次大戦どころか現代の戦場でさえそれほど不利だと思わない。AK47とくらべたってこっちのほうがいい。AK47よりもフルオートでのコントロールが容易なのだ。

たしかに、反動が軽いといっても銃も軽いからフルオートで撃つと銃が跳ね上がるのだが、そのエネルギー自体が小さいから、しっかり持っていれば押さえ込める。AK47の反動は気合を入れてかかれば押さえ込めなくはないが難しい。

おもちゃのように小さくて軽く、それでいて357マグナムの威力があって有効射程200メートル、フルオートでAK47よりコントロール容易、最高ではないか。

M1カービンは第二次大戦後、民間向けの製造も行なわれ、アメリカだけでなくドイツのエルマ社とか日本の豊和工業でも生産された。

豊和工業では、狩猟用にM1カービン・スポーターを「豊和M300」という名称で製造販売している。機関部はまったくM1カービンそのもので、部品の互換性もあるばかりか日本製のほうがずっと品質がよい。しかし、日本で狩猟用にカービンを買おうという人は少ないので、生産量が少ないため高価なのが難点である。

21　突撃銃の出現

日清、日露戦争のころ、戦車も飛行機もなく大砲は馬が引いていたから機動性が悪く、陸の主役は歩兵の小銃であった。そこで歩兵部隊は1000メートルも2000メートルもの距離から一列横隊になって銃撃戦をする、ということが普通に行なわれていた。もちろん1000メートルも離れた個々の敵兵を狙って命中させられるわけはないのだが、集団で雨あられと敵の頭上に弾を降らせて制圧しようというわけだ。そのため当時の歩兵銃は、2000メートルも飛んだのち、人を殺傷できる強力な弾が使われていた。

ところが、第一次大戦以降、戦車や飛行機が出現し、歩兵部隊が迫撃砲を使うようになった。昔のように歩兵中隊が一列横隊にならんで2000メートルも離れた敵を撃つことはなくなった。もし、そんな距離で射撃することがあっても、それは重機関銃の仕事になった。歩兵はもっと近い距離で流動的な戦闘をするようになってきた。そこで歩兵の使う銃は、従来型の歩兵銃ではなく、近距離戦に適した取り回しのよい自動小銃が求められるようになってきた。

しかし、第二次大戦前に各国が試作した自動小銃は従来の歩兵銃の弾を使うもので、ただボルトアクション歩兵銃が自動歩兵銃になっただけだった。本当に近代戦に求められているのは、もっと近距離戦闘向きの速射性に優れた銃である。そのためには、2000メートルも飛んだのち、まだ殺傷力があるような不必要に強力な弾ではなく、もっと小型の実包を使って反動を小さくしなければならない。

それを最初に実用化したのは、第二次大戦中のドイツだった。ドイツ軍がStG44突撃銃と呼んだ新しい形式の自動小銃は、口径こそ従来のモーゼル歩兵銃とおなじ7・92ミリだったが、薬莢の長さが半分ほどの小型弾薬を使うもので30連の弾倉を持ち、1発1発狙ってセミオートマチックで撃つこともフルオートマチックで掃射することもできた。

この銃と戦ったソ連軍は、

「これからは、こういう銃の時代だ」

と考え、口径は帝政ロシア以来の7・62ミリながら、薬莢の小さな小型弾薬とそれを使うSKS小銃やAK47突撃銃を開発する。

ところが、アメリカはこの認識が遅れた。第二次大戦後、NATOが組織され、NATO加盟国共通の弾薬を開発するとき、ヨーロッパ諸国は小型軽量弾薬を主張したのにアメリカは従来型の不必要に強力すぎる歩兵銃弾薬の考えを押し通し、7・62×51(308ウインチェスター)を制定したのだった。

これは薬莢の長さこそ30—06より12ミリほど短くなっているが、火薬と薬莢形状の改良によって威力はおなじというものだった。

ところが、アメリカはヴェトナムでソ連のＡＫ47と戦ってそれが失敗だったことを悟る。

そこでアメリカは、口径５・５６ミリの小型弾薬（２２３レミントン）を使うM16ライフルをヴェトナムに送った。

ドイツやソ連の小型弾薬は、従来の歩兵銃用弾薬を短くしたようなもので、火薬の量を減らして弾丸の重量を軽くしているのに、弾丸の直径はそのままだった。ということは、このような弾薬は空気抵抗による速度低下が大きい。つまり弾道の放物線が大きいのだ。

アメリカの５・５６ミリ弾は従来の３０―０６実包にくらべ火薬の量を半分にしただけでなく、口径を小さく、弾丸をおもいきり小さくすることで弾の速度を上げ、空気抵抗による速度低下をふせいだ。反動は驚くほど軽くなり、秒速９００ｍ／秒を超える高速弾は非常にフラットな弾道を描き、意外に遠距離まで正確な射撃を可能にした。

今度はソ連が考えた。

「小口径高速弾にしなければならない」

そしてソ連は、５・４５ミリ弾を開発してアフガニスタンに送りこんだ。

つぎは中国である。

筆者が中国を訪れ、ＡＫ47など各種の銃を撃たせてもらい大いに勉強させてもらったとき、筆者は中国にひとつのアドバイスをした。

「いま、中国が使っているソ連の７・６２×39実包とＡＫ小銃は、装甲車に乗った歩兵が敵陣に突入し、近距離でフルオートマチック射撃で敵を掃射する、という戦闘を考えてつくったものだ。しかし、中国にそれだけの装甲車があるのか、といえば、そうではない。また、中国は広いといっても山も多く、装甲車の機動に適さない地形もある。中国はもっと歩兵戦闘を重視した銃と弾を開発すべきだ。

それは口径6ミリ、75グレイン（4・8グラム）ほどの弾丸を初速900m／秒くらいで射出するとよい。現在使っているソ連式の7・62×39薬莢の口径を6ミリに絞った、民間のスポーツ射撃用の弾でいうなら6ミリPPCくらいの弾をつくれ。ソ連の5・45ミリより、アメリカの5・56ミリより性能のいい弾ができる」と。

それから十数年後、香港返還にともない香港に進駐した中国軍は、口径5・8ミリの新小銃を携行していた。

「ほう、おれのアドバイスを聞いたねえ！」

世界じゅうが小口径高速弾の時代に突入した。

22　M14

第二次大戦後、ヨーロッパ諸国は「これからは突撃銃の時代だ」と考え、NATO共通小銃弾も突撃銃に適した小型弾薬を考えていた。しかし、アメリカは旧来の不必要に強力な歩兵銃なみの弾薬を主張し、結局、力の強いアメリカのゴリ押しで7・62×51（308ウィンチェスター）がNATO弾になった。

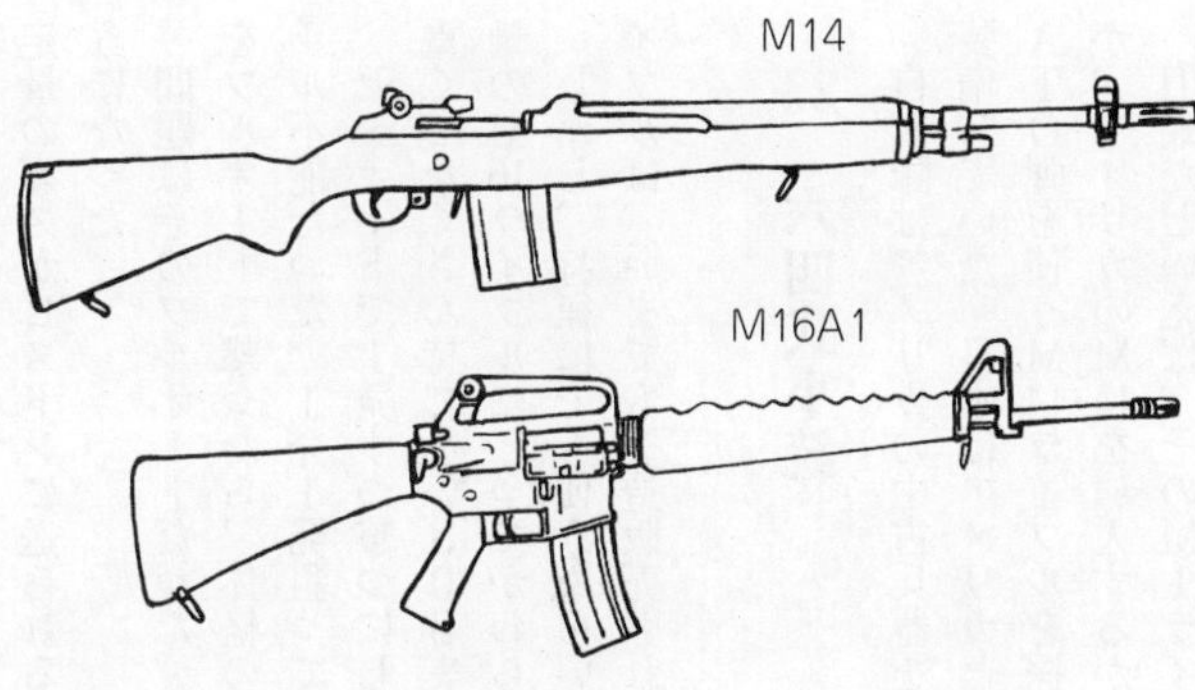

その7・62ミリNATO弾を使う小銃として、一九六七年にアメリカが制式化したのがM14ライフルだった。ソ連がAK47突撃銃を制式化して10年もあとにこんな時代錯誤な銃を制式化したのだから、アメリカもどうかしている。

M14は基本的にはM1ライフルの改良型だといっていい。機関部の構造はほとんどおなじといっていいほど似ている。M1ライフルが8発クリップ入りの弾を機関部上面から押し込む方式だったのを、20発箱弾倉を下から装着するようになった。その弾倉は簡単に予備弾倉と付け替えてつぎつぎ撃てるのだが、なおかつ弾倉を交換しないでも、弾倉を付けたまま機関部上面から5発クリップ・チャージャーを使って弾倉に弾を補充できるようになった。これでM1ライフルの欠点であった何発か撃ってから移動するとき、弾倉をいっぱいにしてから動き出したい、という問題が解決された。

見えない部分では、ガスピストンの機構が改良され、極端に暑いとか寒いとかいう気温のもとでも、つねに一定量のガスがピストンに送られるような工夫がなされた。そしてフルオート射撃もできるようになった。

問題はそのフルオートだった。従来のボルトアクション歩兵銃とおなじ強力な３０８実包をフルオートで撃ったら、体格のよいアメリカ兵も銃に振り回されそうなほどで、コントロール不能だった。１発１発狙って撃つのならいい銃だったが。

セミオートで１発ずつ撃つにしても、ベトナムのジャングル戦では大量の弾薬を消費し、重くてたくさん持てない３０８実包は不利だった。結局、M14は短期間で姿を消し、小型軽量のM16ライフルにとってかわられた。

しかし、狩猟にでも使うならいい銃である。それでM14の民間バージョンであるＭ１Ａライフルは、いまでも製造販売されていて、日本のハンターにも愛用されている。

23　六四式小銃

自衛隊はアメリカの中古兵器を供与されて発足し、小銃もＭ１ライフル、Ｍ１カービンを装備していた。日本はアメリカと共通の弾薬を使う方針なので、アメリカが７・６２ミリＮＡＴＯ弾を使うM14ライフルを採用したなら、日本もおなじ弾を使う小銃を国産で開発するか、アメリカのM14を導入するかしなければならない。それにＭ１ライフルも旧式だ。

旧式だといえば、そのＭ１ライフルの改良型でしかないM14は最初から旧式なわけで、アサルトライフルの時代になったことを感じている日本はM14を採用する気はなく、国産で突撃銃を開発することにした。

しかし、弾薬はアメリカと共通でなければならない。だが、強力な308ウインチェスター実包を使うかぎりフルオートでコントロール可能な銃をつくることは不可能だった。そこで日本は薬莢の寸法はそのままに、本来、3・05グラムある火薬の量を2・7グラムに減らした実包を使うことにした（もっと減らしたいくらいだが、薬莢の容積の半分しか火薬が入っていないような実包にすると火薬が正常に燃焼しないおそれがある）が、それでもフルオートでコントロール可能な反動ではなかった。

そこで、普通なら700発／分くらいの発射サイクルになるところを、撃鉄の機構にくふうをして500発／分くらいに遅くした。銃口部に設けたマズルブレーキの効果とあいまって、どうにかフルオートで抱え撃ちできるようなものになった。

だが、このくふうというのがとんでもないものだった。銃床のなかに長いチューブを設け、そのなかにコイル状のばねと棒状の撃鉄をおさめる。引金を引くと撃鉄は「びよーん」と7センチほどの距離を、一瞬といえば一瞬だが、人間の感覚でわかるだけの時間をかけて飛んでいって撃針をたたき、弾が出る。

つまり、引金を引いてから弾が出るまでに人間の感覚でわかるほどの時間の遅れがあるのだ。それは、まともな銃だろうか？　おまけにこの撃鉄の落ちる衝撃が大きく、弾が出る前に銃が揺れる。このような撃鉄の構造は暴発しやすい。そこで撃鉄と逆鈎のかかりを大きく

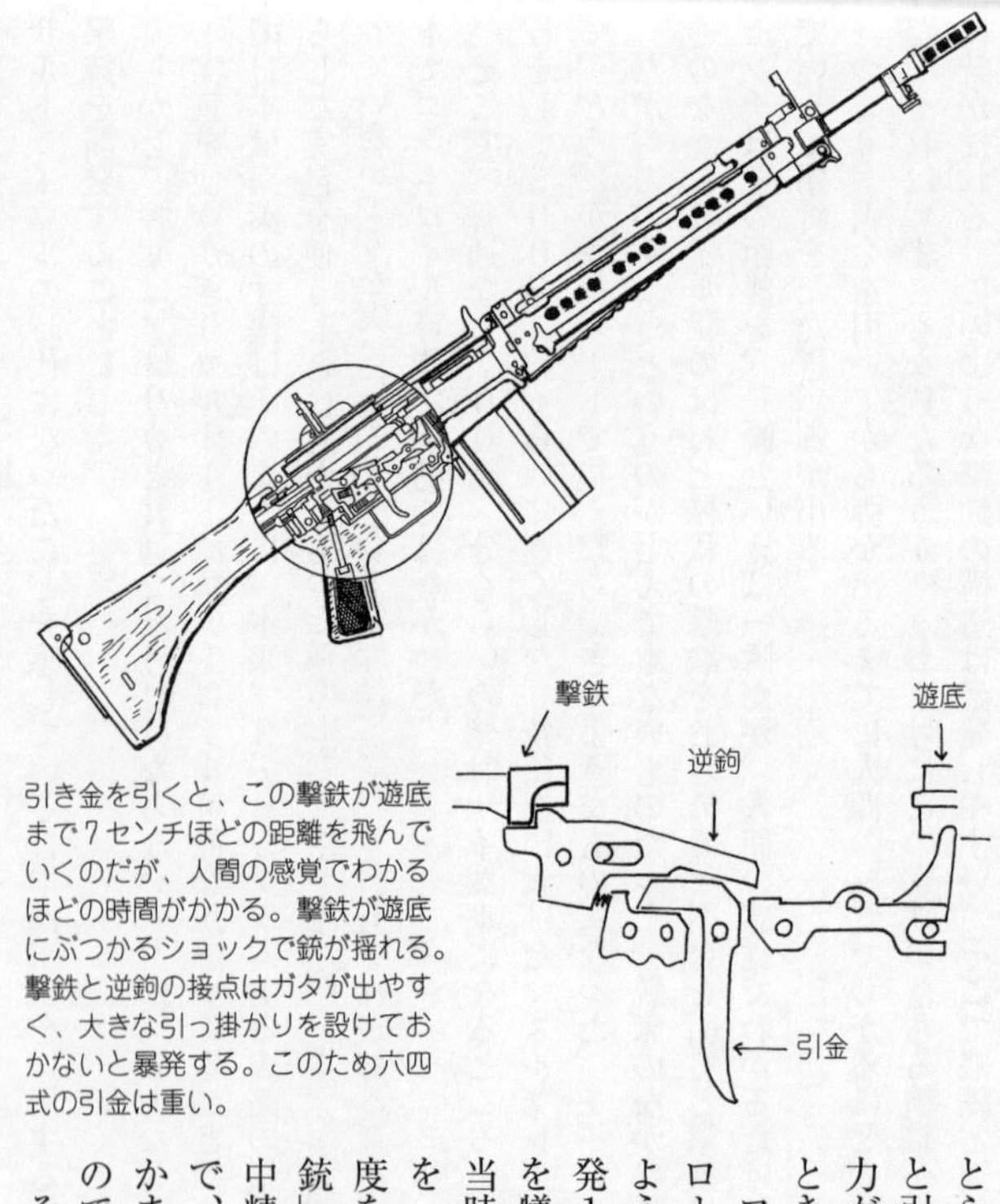

引き金を引くと、この撃鉄が遊底まで7センチほどの距離を飛んでいくのだが、人間の感覚でわかるほどの時間がかかる。撃鉄が遊底にぶつかるショックで銃が揺れる。撃鉄と逆鉤の接点はガタが出やすく、大きな引っ掛かりを設けておかないと暴発する。このため六四式の引金は重い。

とらねばならず、すると引金を引くのに強い力が入り、引金を引くとき銃が揺れる。

フルオートでコントロールできるようにしようとするあまり、1発1発狙って撃つ精度を犠牲にしてしまった。

当時、防衛庁は六四式を「世界最高の命中精度を誇る優秀な国産小銃」と宣伝したが、命中精度がよいなど大嘘で、AK47よりいくらかましという程度のものでしかない。

そのほか六四式には、

あるていど銃のことがわかっている人間にとっては、「なんでこんな変なものをつくった」といいたくなるような欠点がいくつもあった。

「日本人の体格に合わせて設計された……」というが、グリップを握ると、アメリカのM16よりも、ソ連のAK47よりも引金が遠い。では、よほど手の大きな奴が設計したのかというと、グリップは細い。このグリップの太さがちょうどいいと感じる手の大きさの人間は絶対に引金が遠いと思うはずである。

M1カービンを日本の豊和工業で狩猟用に生産したもの

おまけに、「何だ、こりゃ」と思うほど引金の感触がわるい。これはもう銃というものをまるでわかっていない人間が設計したとしか思えない。こんなの銃じゃない。安全装置が機関部右側にあり、安全装置を外すにはグリップを握っている手を離して安全装置をつまむ。そして驚くべきことにこの安全装置、時計の竜頭のように一段引き出してから回すのだ。たいていの国の銃の安全装置は機関部の左、グリップのすぐ上付近にあり、グリップを握ったまま親指でカチカチと動かせるのにだ。まったく実戦的でないが、この六四式という銃は、その銃剣とともに自衛隊が本気で実戦など考えていなかった証拠のようなしろものである。

照星・照門が折りたたみ式で、使わないときは倒しておく。使うとき起こすのだが、あらかじめ起こしておいても行動中、草や自分の体に触れて倒れてしまうので、敵に狙いをつけるときあらためて起こす必要がある。照星・照門を起こし、グリップから手を離して安全装置を一段引き出してから回し……敵に先に撃たれちまわァ。

そして、撃った反動で照門がヘルメットの縁にぶつかって倒れる。

おまけにこの銃は、しばしば作動不良を起こす。安かろう悪かろうの中国製の銃のほうが、まだ調子よく作動するのだから情けないかぎりである。

さらに、この六四式の銃剣というのがまたひどい。切れない。刃が付いていないというだけではない。「有事には研ぐのだろう」と思っている人がいるようだが、研いでもだめだ。材質がものすごく柔らかくて、自衛隊のベッドのアングル材にぶつけると刃がへこむ。欠けるのではなく凹むのだ。スイス・アーミーナイフのステンレス刃で、この刀身が削れるほどヤワなのだ。だから、この銃剣は人に切りつけて相手を倒すなんてことはできない。一応、剣の形をしていて先が尖っているから、体重をかけて突けば刺さるという程度のことだ。自衛隊を戦争に負けさせるために、わざとこんなものをつくったのではないかと疑いたくなるようなしろものだ。

イタリアはM1ライフルを改造してベレッタBM59をつくった。M1ライフルの銃身を少し短くし、薬室を7・62ミリNATO弾用に改造し、20発入り箱弾倉をつけた。M1ライフルをM14っぽい姿に改造したわけだ。日本も六四式など生産しないでそうすればよかったと思う(ひょっとしたらイタリアは、7・62ミリなんてすぐに廃れる、と読んでいたのかもしれない?)。

M14は1発1発狙って撃つぶんには、六四式よりはるかによい銃である。唯一、問題なのは、M14はフルオートマチックで射撃すると反動で銃が激しく暴れ、コントロール不能だということだ。その点だけは六四式のほうが優れている。

しかし、自衛隊員の小銃弾携行数は120発だ。六四式小銃、銃剣、弾倉6個、弾120発の合計重量は9キロになる。ほかに鉄カブト、手榴弾、水筒、携帯円匙など各種装備を身につけるのだから、とても200発も300発も持つことはできない。120発しか弾がないとなれば、どうして景気よくフルオートで撃ったりできようか。実際、自衛隊で六四式をフルオートで景気よく撃った経験のある隊員は、ほとんどいないはずだ。だから六四式の唯一の長所は、まず発揮されるチャンスのない長所なのである。

24 SKS

第二次大戦でドイツの突撃銃と戦ったソ連は、「これからは、こういう銃の時代だ」と考え、口径は帝政ロシア以来の7・62ミリながら、薬莢を半分ほどに小型化した7・62×39実包をつくりだした。これは7・9グラムの弾丸を1・6グラムの火薬によって735m/秒で発射するものであった。この小型実包を使う小銃として、一九四六年にソ連軍制式となったのが、シモノフ技師の設計になるSKSライフルである。

　しかし、そもそも小型弾薬にしたというのがドイツの突撃銃の影響を受けてのことだから、銃のほうも突撃銃になりそうなものだが、この銃は従来型の騎兵銃のような外観のセミオートマチック・ライフルだった。弾倉は10発入りだが着脱式ではなく、機関部上からクリップ・チャージャーを使って込める旧式な構造である。

　おなじころ、30連弾倉を持ちフルオート射撃もできる突撃銃もカラシニコフ技師によって開発されていたので、どうしてSKSが採用になったのか不思議なくらいであるが、第二次大戦後の疲弊したソ連では全軍の小銃を突撃銃にするなんてぜいたくすぎると思ったのかもしれない。翌一九四七年にカラシニコフの突撃銃AK47が制式化されたが、それは空挺部隊など一部特殊部隊向けのものと考えられていた。しかし、まもなくそれを全軍の装備とする

ソ連より中国で多く生産されたSKS

AK47

方針が打ち出され、ＳＫＳライフルは短期間生産されただけに終わった。

しかし、ＳＫＳライフルはソ連よりも中国で大量に生産された。一九五〇年代の中国の工業力では突撃銃の大量装備など夢のような話で、ＳＫＳくらいが適当だと考えられたからであろう。

さて、このＳＫＳライフルは、小型軽量弾薬を使うのだから従来の歩兵銃にくらべれば反動が軽いことは事実だが、銃と弾のイメージから予想していたよりは反動が強かった。Ｍ１カービンの3倍くらいの反動を感じる。ちょんちょんと肩を押されるというような反動ではなく、ガツンと反動を感じる。しっかりできた銃であり、信頼性は高いがデザインは古い。着脱弾倉でなく上からクリップで装填なんてところは、もはや現代の銃ではない。しかし、ＡＫ47よりセミオート射撃での精度はよいから、敵との間合いを１００メートル以上とれるなら、接近戦にならなければＡＫ47と戦っても負けはしない。

興味深いことに、このＳＫＳは、外観は六四式とはまったく似ていないが、作動メカの基本は六四式に似ている。いや、六四式がＳＫＳを真似たのだろうが。遊底やスライドを、ぽん、と放り出せば、自衛隊員は「ん！」と思うほど六四式の遊底・スライドに似ている。

25　ＡＫ47

一九四七年、ソ連軍はカラシニコフ技師の設計になる突撃銃ＡＫ47を制式化した。使用す

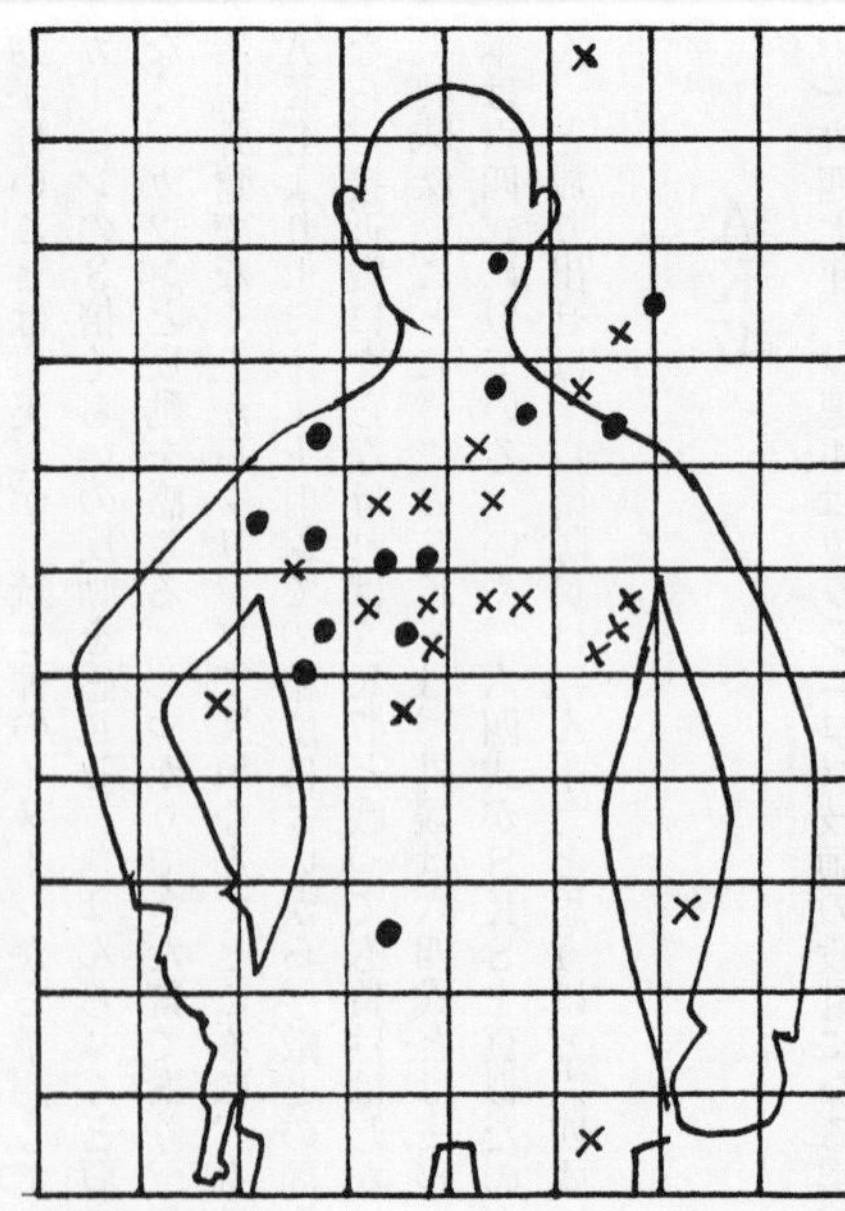

筆者によるAK47のフルオート射撃結果（肩付け射撃）
○＝１弾倉め　×＝２弾倉め

る弾薬はＳＫＳとおなじだが、銃身が少し短いため弾の速度はＳＫＳよりやや遅く７１０ｍ／秒。装甲車に乗った歩兵部隊が乗車のまま敵陣に飛び込みフルオート射撃で敵をなぎ払うという考えで設計されていて、遠距離での命中精度など考えてはいない。そうはいっても、１００メートルの距離で直径20センチの円には入る（Ｍ１カービンなら10センチ、Ｍ16なら７センチにまとまる）。遠距離での精度が悪いといっても、数百メートルの距離から飛んできた流れ弾でも当たれば死ぬから「数撃ちゃあたる」でバリバリ撃ってこられたら、やはりこわい。

従来の歩兵銃の弾薬より小型の弾を使うのだから、従来の歩兵銃、Ｍ14などにくらべれば反動は軽いが、銃と弾から受ける印象のわりには反動が強い。六四式とおなじくらいの反動を感じる。六四式の減装弾より弱い弾を使っておなじくらいの反動というのは、北極圏からアフリカの砂漠、熱帯のジャングル、どんな気候でも、海水に漬かった後でもバリバリ撃てるように、ガスピストンに必要以上のガスを送り込んで強い力で動かしているからだ。それとマズルブレーキがない。

セレクターを安全位置から一段下のフルオート位置にして引金を引くと、ドドドドと弾が出て銃口が跳ね上がる。5〜6発ごとに引金をゆるめて構えなおさないと空を撃ってしまう。肩付けをしたほうが正確な射撃はできるが、コントロールの容易さからいうと肩付けをしないで腰だめで構えて土煙を見ながら弾着を修正したほうが楽である。ちょっと練習すれば、25メートルくらいの距離でフルオートでマン・ターゲットに射弾の半分から3分の1を入れることができる。

26 M16

ヴェトナムのジャングルでSKSやSK47と戦ったアメリカは、小型軽量弾薬を使う銃の有利なことを認識し、M16小銃をヴェトナムに送り込んだ。口径5・56ミリ、しかし、弾の初速は990m/秒。

ソ連の7・62ミリ突撃銃弾のように、口径は昔の歩兵銃とおなじ7・62ミリで、薬莢が短くて火薬量が少なく、直径が大きくて軽い弾は、空気抵抗による速度低下が大きく、大

たいていの自動銃には銃身と平行したガスピストンがあり、銃弾を発射した火薬ガスの一部がピストンを押し、ピストンが遊底を動かす

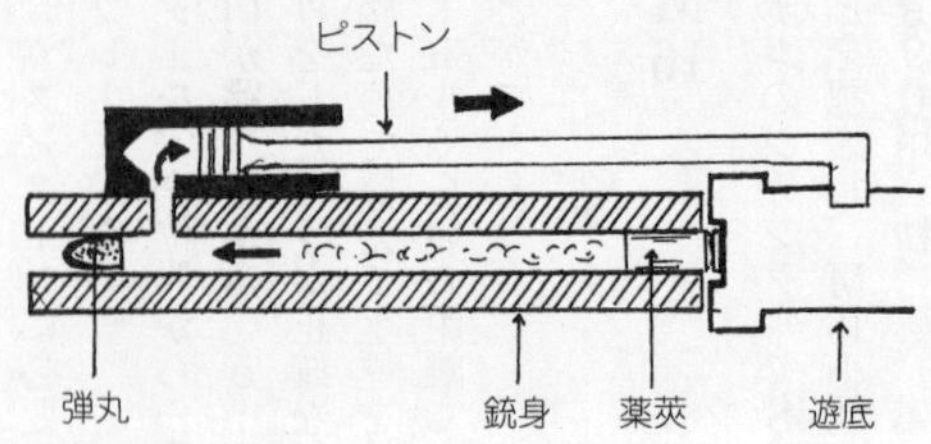

M16の場合、ピストンはなく、ガスを細いチューブで機関部へ送り込み遊底のガス受け部に吹き付けて遊底を動かす。

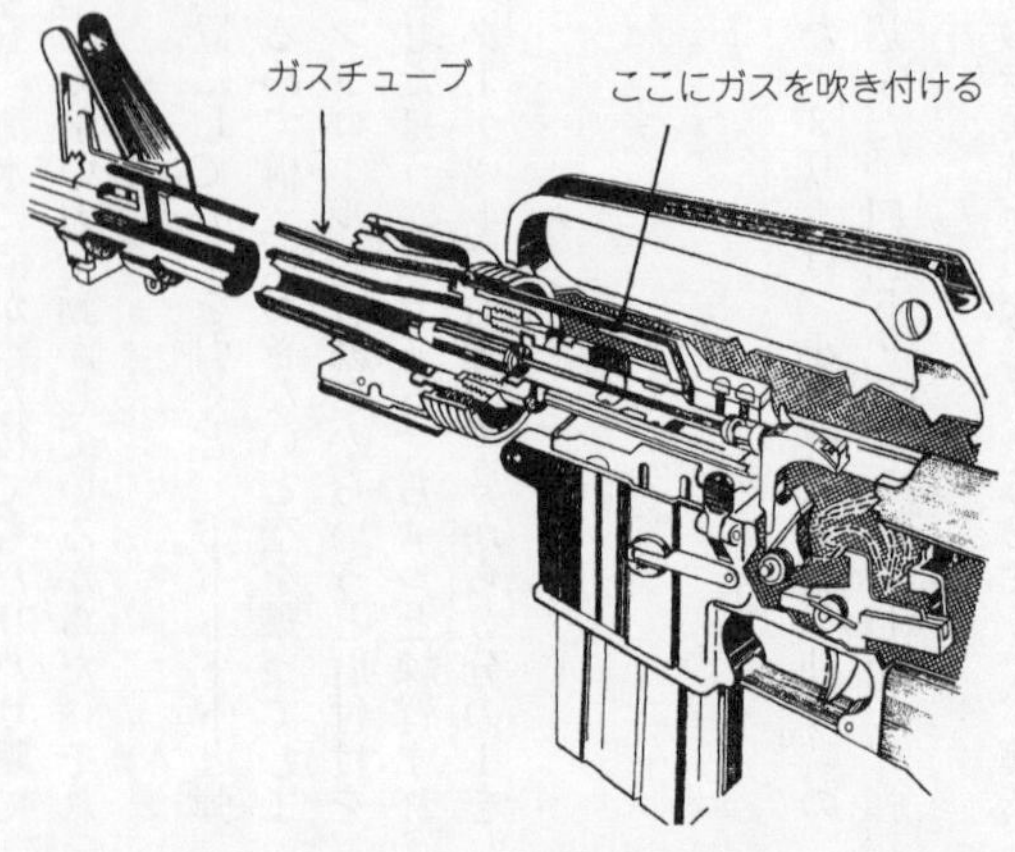

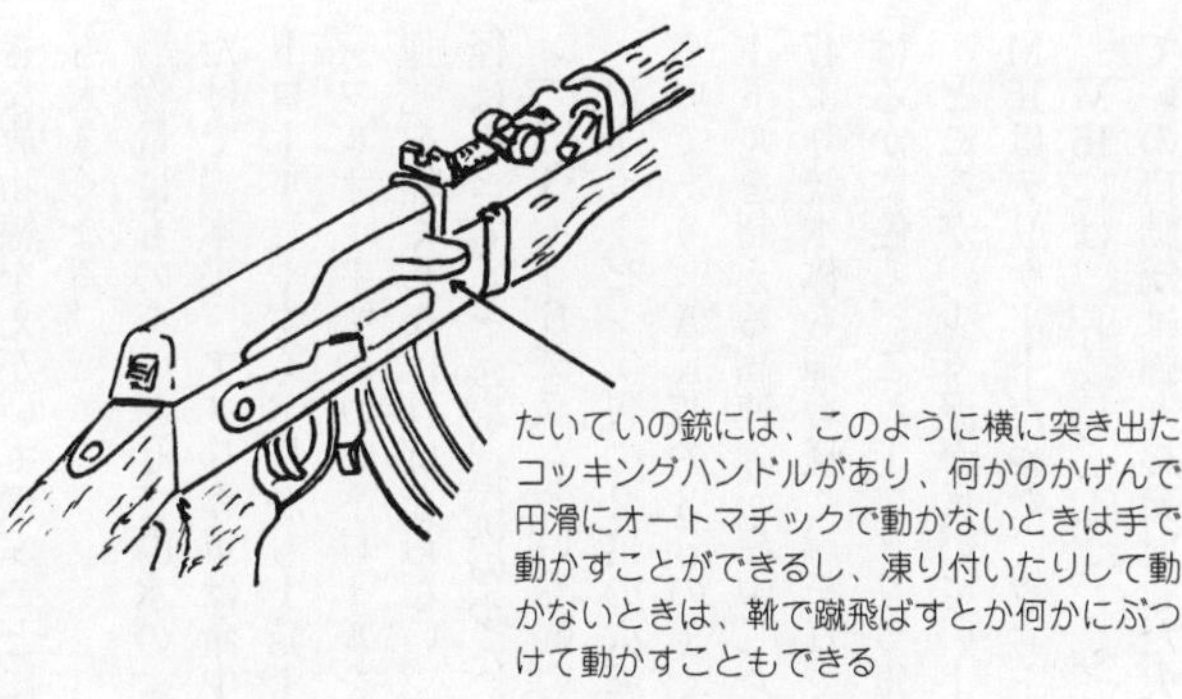

たいていの銃には、このように横に突き出たコッキングハンドルがあり、何かのかげんで円滑にオートマチックで動かないときは手で動かすことができるし、凍り付いたりして動かないときは、靴で蹴飛ばすとか何かにぶつけて動かすこともできる

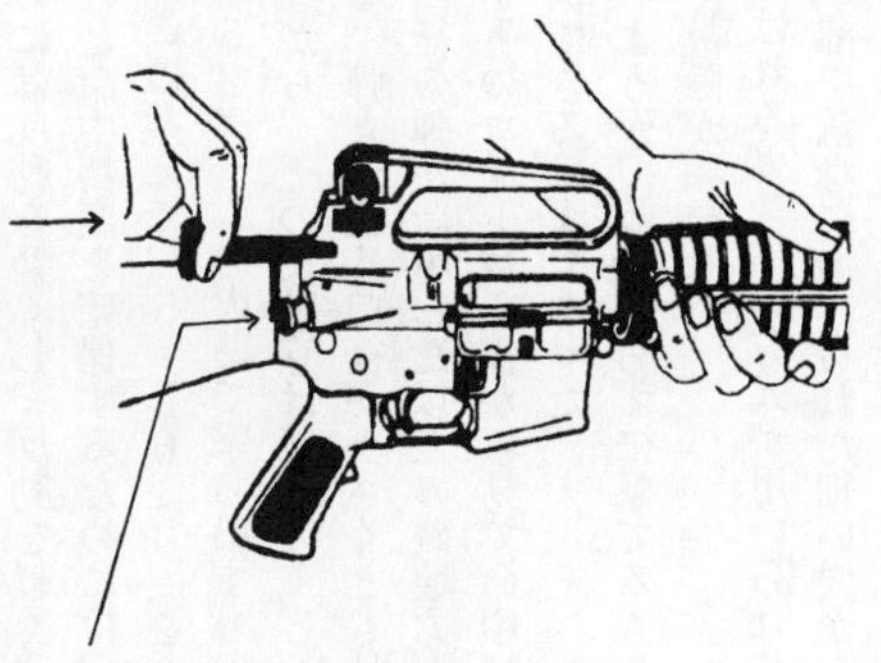

ところが、M16はこのようなコッキングハンドルを指でつまんで引くだけなので強い力がかけられない。また、初期のM16は遊底を前進させるのはバネの力だけが頼りで、完全に前進しきらないとき手で押してやることはできなかった。ボルト・フォアード・アシストなる部品が付くように改良されたものの、いかにも頼りない
遊底が前進しきらないときは、このボタンを指でぐいぐい押す

きな放物線をえがいて飛ぶことになる。当然、距離の目測の誤差によって弾着の上下の誤差も大きくなる。

物量にものをいわせて湯水のように弾を使うアメリカだが、物量があるからそうしているだけで、本来、アメリカ軍は命中精度の悪い銃は嫌いである。小型軽量でフルオートでコントロールしやすく、しかも1発1発の命中精度も高い銃と弾。

フルオートでのコントロールをよくするためには反動を軽くし、反動を軽くするためには弾丸を軽くしなければならない。しかし、射程と命中精度を確保するためには、軽いぶん口径は小さくして空気抵抗の少ない弾にする。この考えで、5・56ミリ（223レミントン）で3・56グラムという軽い弾丸を、1・62グラムの火薬で撃ち出すものであった。

M1カービン実包の2倍の火薬が入っていながら、その反動感はM1カービンとおなじくらいであり、AK47の3分の1くらいに感じる。弾丸が軽く口径が小さくとも秒速900メートルを超える高速弾が命中した衝撃は、大口径の弾が命中した以上の破壊力がある。AK47より銃本体も弾も軽く、それでいてフルオートのコントロールが容易で命中精度はAKにはるかに優る。これでアメリカ軍はAKを圧倒できるはずであった。

ところが、少々泥が付いていようが錆びていようが、故障しらずに撃てるAKと異なり、M16はデリケートだった。ヴェトナムの戦場で故障が頻発した。

M16には、「リュングマン・システム」と呼ばれるガス作動方式が用いられていた。たいていの自動銃は弾丸を発射した火薬のガスの一部を銃身にあけられた細い穴から銃身に平行して設けられているピストンに送り込み、このピストンがガス圧で動かされて機関部を動かす。

ところが、リュングマンシステムというのはピストンがなく、ガスは銃身と平行して設けられている細いチューブを通って機関部に入り、ボルトの頭に設けられたガス受け部に吹き付けて直接、ボルトを動かす。この方式は銃を軽くつくることができ、命中精度もよくする利点があるが、火薬のガスが機関部に吹き込むのだから、機関部が汚れやすい。機関部が汚れやすいのにM16は汚れに弱い構造を持っていた。

たいていの銃は、ボルトの横に手で操作できる取手（コッキングハンドル）が出ている。円滑にオートマチックで動かないときは手で動かすこともできるし、手で動かなければ靴でけとばすとか柱にぶつけて動かすこともできる。

M16には、そうした取手がない。ボトルを引くときは機関部真後ろのつまみを指でつまんで後方に引く。強い力をかけることはできない。ボルトの前進は、ばねの力だけが頼りで、前進しきらないとき手で押してやることはできない。

故障の最大の原因は、本来、223レミントン弾には適していない火薬を在庫処分で利用したことにあり、火薬の種類を本来のものにもどすことによって、トラブルはほとんどなくなった。また、ボルトが前進しきらない場合、手で押してやれるように機関部後方に「ボルトフォワード・アシスト」なる部品が追加されたM16A1に改良された。

さらにその後、5・56ミリ実包も弾丸を3・93グラムと少し重くして遠距離射撃性能を向上させ、銃身もそれに合わせて腔旋のピッチを変更したり銃身を太くし、フルオート機能を排して、かわりに3発連射機能を設けたM16A2になったり、カービンタイプなど各種派生型がつくられたり、問題があったことなど忘れ去られたかのように生産されつづけている。生産数はすでにM1ライフルを上回ったはずだ。

アメリカ軍は、トラブルがあったのは昔のことで銃も弾も改良され、いまのM16にはまったく問題はない、としているし、事実、その後の幾多の戦闘でM16は重大なトラブルは起こしていないようだ。しかし、ヴェトナムでM16が起こしたトラブルは、その後、5・56ミリの小銃を国産しようとする国に大きな影響をあたえ、M16とおなじメカで銃をつくる国はほとんどなかった。

27 FNC

M16のメカには少々問題があると考えた国も、5・56ミリ実包の優秀性には着目した。それにアメリカが小銃弾を5・56ミリにするというなら、同盟国もそれに合わせなければならない。かくして世界各国で5・56ミリ小銃の開発が行なわれるようになったが、ベルギーのFN社は比較的早い時期から取り組み、七〇年代なかばには試作品をテストしはじめ、七九年ころ完成した。このFNCはスウェーデン、インドネシアなどいくつかの国が採用したし、日本の八九式もFNCをコピーかといいたくなるほど参考にしている。

この銃にはフルオート機能のほか、3発連射機能もある。これは最近流行であるが、筆者は不必要な機能だと思っている。フルオートにしておいて、引金を引いてすぐ指を離せば、2～3発だけ発射することは簡単なことだからだ。もし、それで4発出たとしても何の問題があろうか。

この銃はM16のトラブルを意識して、ボルト側面にしっかりしたコッキングハンドルが付いている。もし、ドロが機関部に入ったというようなことで円滑にオートマチックで動かないときは、これを靴で蹴とばしてでも強制的に作動させることができる。M16と違ってピストンがボルトを動かす伝統的な設計である。ただし、M16のリュングマンシステムより反動は強くなる。実際、射撃してみると、わずかだがM16より反動が強い。といっても5・56ミリの反動などたかがしれたもの、肩付けをしてフルオートで撃っても意識して押さえていれば問題なくコントロールでき、油断すると右上へ流れて行くという程度だ。跳ね上がるというような反動ではない。

セミオートでの命中精度も申し分なく、100メートルで7センチほどにはまとまる。疑問に思うのが、弾倉止めボタンに何のガードもないことだ。M16は、このボタンの周囲を土手のように盛り上げ、不用意に何かに触れて弾倉が落ちたりしないようにくふうしているのだが。それと、弾倉が空になったとき、M16はボルトが後退位置で止まるが、FNの銃は後退位置で止めないで前進させてしまう。これはドイツのG3もそうだ。戦場で遊底が開いているとドロなど異物が機関部に入りこみやすくなるからだ、というのがその理由らしい。

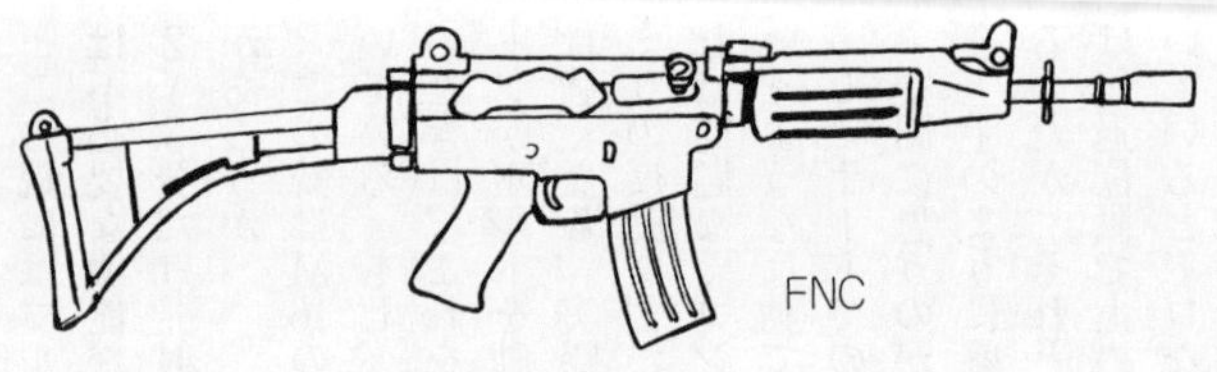

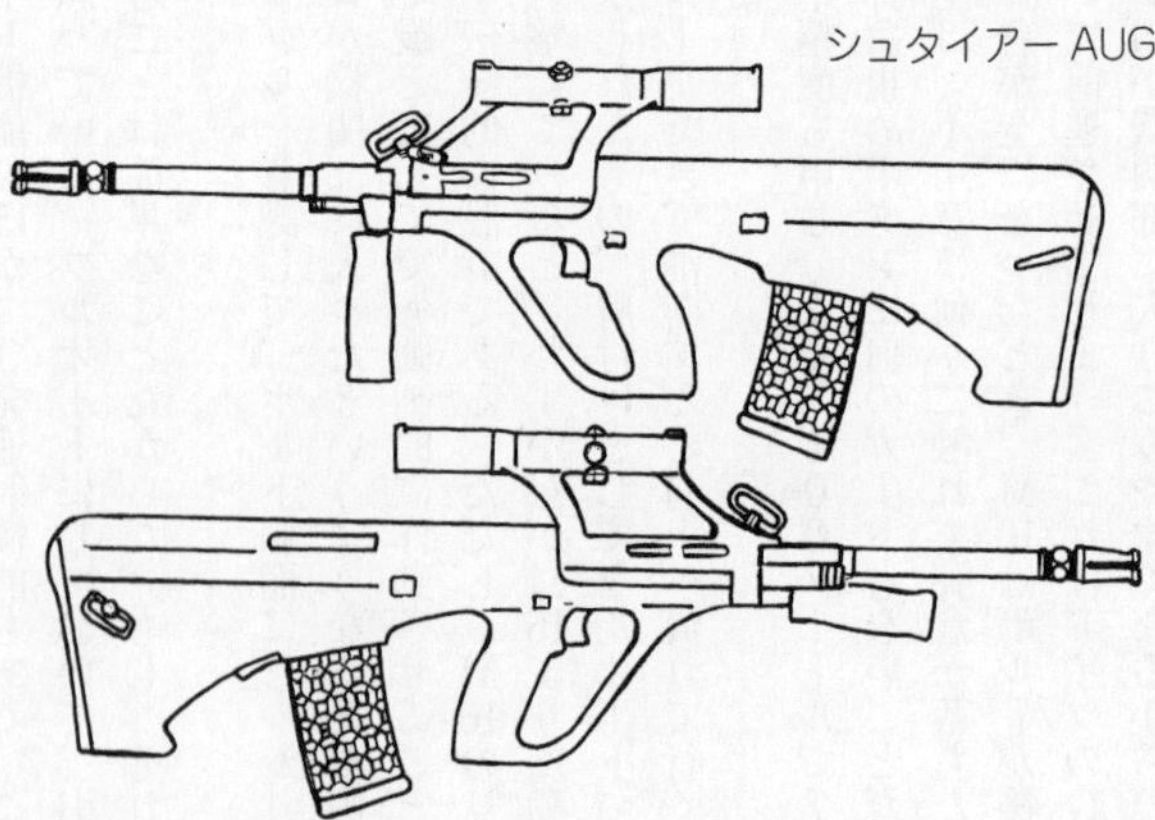

しかし、筆者は、弾倉が空になったのを気がつかないで銃を構え引金を引くようなことになるほうが問題だと思う。

フォークランド戦のとき、間近で敵兵と遭遇、引金を引いたら薬室は空で「カチリ」という音、しかたがないからそのまま突進して銃剣で刺突した、なんてことがあった。

だから筆者は、弾倉が空になったら遊底は後退位置で停止、新しい弾倉を押し込んでからボルトキャッチを押して遊底を前進させ、弾を薬室に送り込むM16方式のほうが好きなのだが。

28 シュタイアーAUG

一九六〇年代にM16が出現したとき、それまでの銃というものの常識を覆す斬新な未来的スタイルが驚きをもって迎えられたものだが、オーストリアのシュタイアー社が一九七七年に送り出した5・56ミリ小銃AUGは、さらにSF的スタイルで世間を驚かせた。

この銃は、弾倉がグリップより後方にあり、機関部は銃床内部、頬の下あたりで撃鉄などの部品が動いている。このような方式を「ブルパップ型」という。この方式は銃身が長くとも銃全長が短くできる。アイデア自体はシュタイアーが最初というわけではないが、実用化したのはシュタイアー最初だといっていい。

その後、フランスやイギリス、中国などが追従した。

従来型の銃ならば、引金のさらに10センチ近く前方でボルトが動くが、この方式だと頬の下あたりでボルトが動いている。ボルトが動くことによる銃の動揺がきわめて小さいので、フルオート射撃の安定がすばらしい。これこそ「突撃銃」の極致である。

この銃の安全装置は引金のすぐ後方にある押しボタンで、銃の左側から押し込んで「安全」、右から押し込んで「解除」、じつに操作しやすい。

セミオートとフルオートを切りかえるレバーのようなものはなく、引金を1段引けばセミオート、2段引けばフルオート、じつに便利である。ところが、実際にやってみて、その2段めを引くのにすごい力が要った。最初、2段めを引くことができないので、何か間違っているのか故障しているのかと思ったほどだ。

まったくの話、いくらセミオートで1発撃ったあと、そのまま2段めにいってフルオートにならないように固くしてあるといっても、固すぎだと思った。

それ以外、どこにも欠点を見つけられないほど優秀な銃であるが、筆者が保守的なのか、ブルパップ・スタイルがいまひとつ好きでない。

この銃は、着剣できることはできるのだが、銃剣を付けてもまったく絵にならない。筆者は着剣して突撃できるような銃が好きなのだ。

29 K2

韓国は、ながらくアメリカのM16をコピーして使っていた。だが、アメリカとともにヴェトナム戦争に参加した韓国軍は、このとき起きたM16のトラブルは他人ごとではなく、独自の小銃を開発した。そのカービンタイプがK1、歩兵銃タイプがK2である（K1は、筆者はまだ撃ったことがない）。

信頼性にこだわり、故障しないことで定評のあるAK47によく似た作動メカを取り入れた。もちろんボルト直結のコッキングハンドルが付いていて、最悪のときは蹴飛ばして作動させ

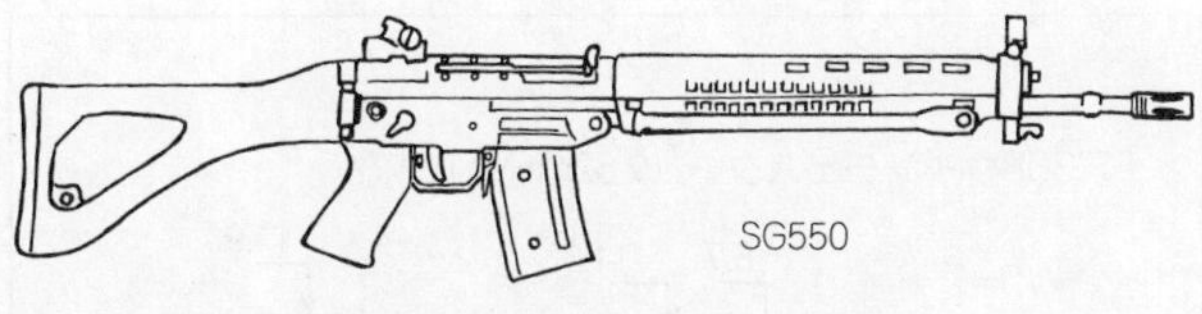
SG550

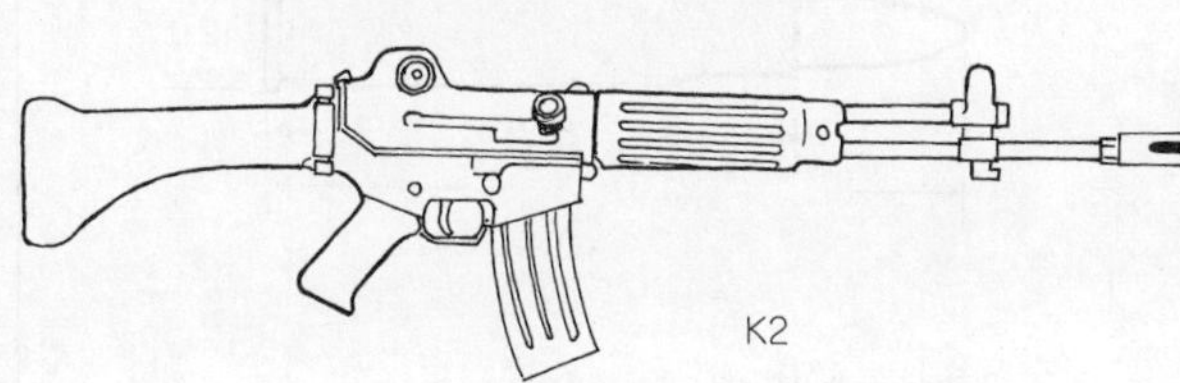
K2

ることもできる。

しかし、ＡＫ方式の作動メカで、ガスもＡＫのようにたっぷりピストンに送り込むのであろう、Ｍ16とおなじ弾を使っているとは思えないほど反動がある。もちろん反動があるといっても、５・５６ミリの反動などたかがしれたものだが、Ｍ16にくらべると強く感じるのだ。

ＦＮＣよりも強い、そして、しっかりしたコッキングハンドルが機関部側面を往復するからであろう、左右の振れを感じる。

しかし、ＡＫ47のような反動があるわけではなく、実用上、問題のない程度のことで、信頼性の代償だといわれれば納得できる。

ＦＮＣ同様、１００メートルで７センチ前後の命中精度はあり、これを持って戦場へ行けといわれても嫌だとはいわない銃である。もっとも、できればＳＧ５５０のほうがもっといいが。

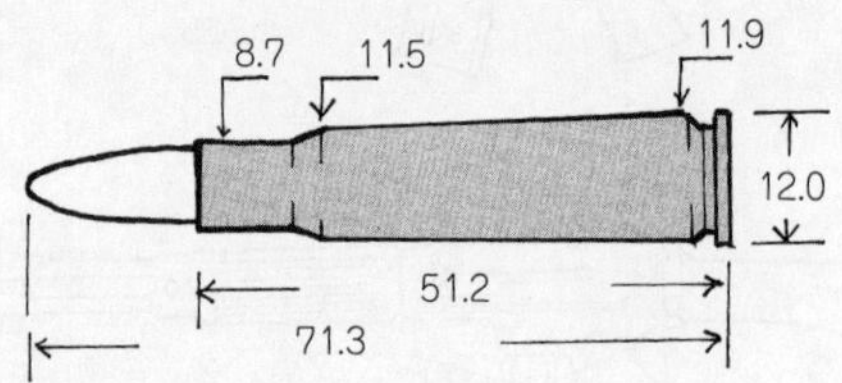
308ウインチェスター（7.62mmNATO）
8.7
11.5
11.9
12.0
51.2
71.3

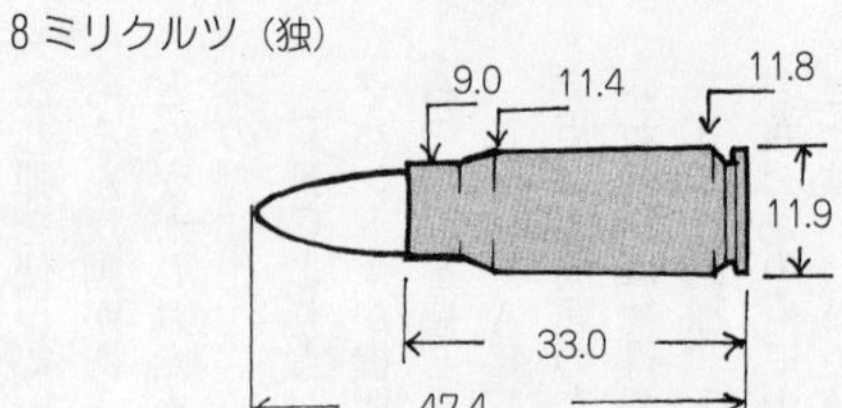
8ミリクルツ（独）
9.0
11.4
11.8
11.9
33.0
47.4

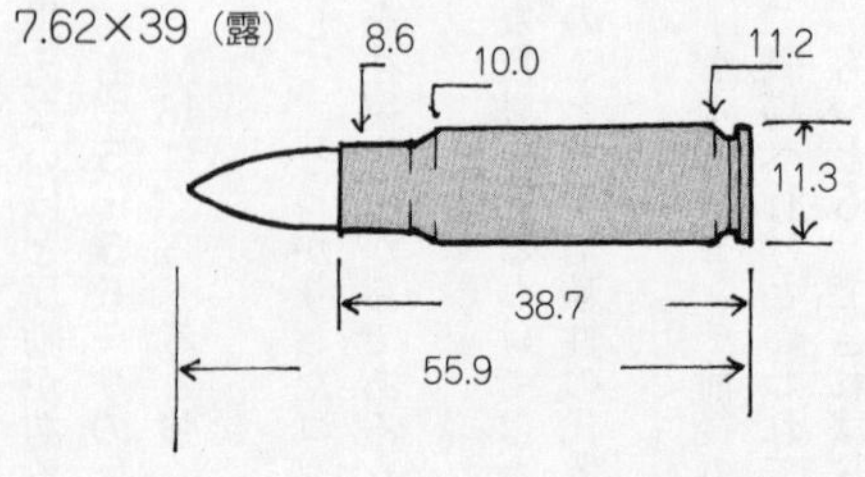
7.62×39（露）
8.6
10.0
11.2
11.3
38.7
55.9

223レミントン（5.56mmNATO）

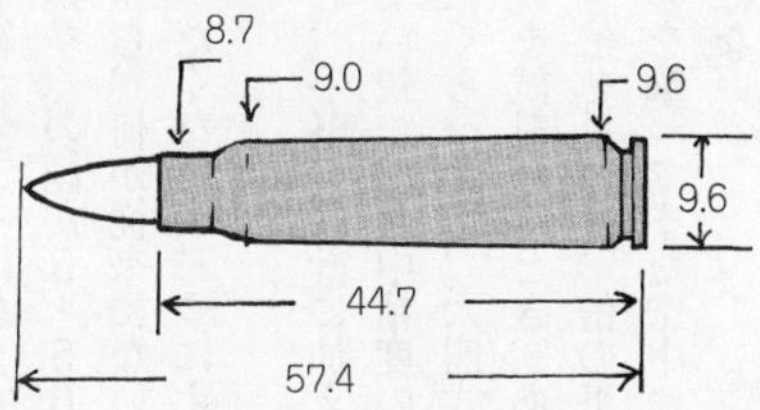

5.45×39（露）

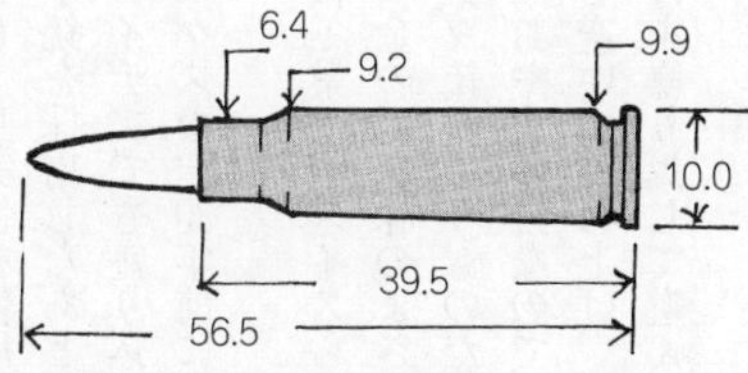

5.8×42（中）

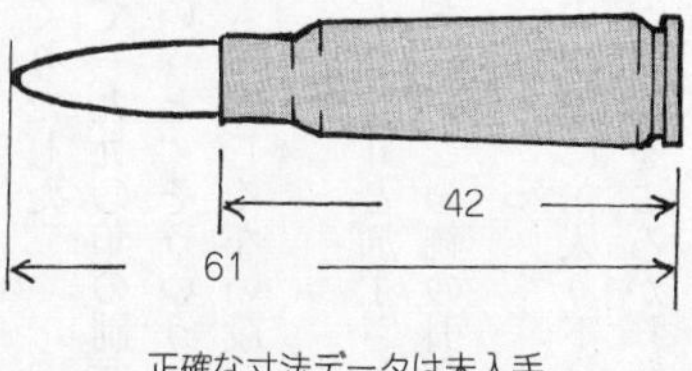

正確な寸法データは未入手

30 SG550

スイスはアメリカの同盟国ではない。昔からどこの国とも軍事同盟を結ばないことを国是としてきたスイスは、小銃の弾にしても独自規格のものを使ってきた伝統があるのだが、二十世紀も終わりころになって、5・56ミリ実包を使用する小銃をつくりだした。世界の多くの国が5・56ミリの小銃を採用したあと、かなり遅れて一九九〇年の制式化であるから、何か従来にない斬新なアイデアでも盛り込んでいるかというと、そういうところがまったくない、じつにオーソドックスな、30年前に出現していてもおかしくない設計である。

しかし、手堅い設計に加え精密機械工業の国スイスらしい、じつにかっちりと加工されたできのよい銃で、命中精度のよさ、引金の引き味のよさは世界最高である。この銃の引金の引き味にくらべたら、六四式なんかクソ銃というものだ。

この銃を試射したとき、あまりに撃ちやすい銃なので、標的の背後の斜面に缶入りドリンクの空き缶を見つけ、缶の下を撃って空中に跳ね上げ、落ちてきた缶が斜面をころがり落ちてくるのを撃ってまた空中に放り上げを繰り返して遊んでしまった。AKや六四式でできることではない。

100メートルで5センチ以下、300メートルでも20センチ以下のグルーピングが出せる精度がある。重さが4・1キロと、5・56ミリ小銃にしては重いのだが、バランスがよいせいか、そんなに重い気がしない。筆者は4キロを超える銃は好きではないが、これだけよい銃ならこの重さも許そうか。

31 拳銃、しかしわたしゃ手が小さい

筆者は、鉄砲好きのわりには拳銃に対する関心はそれほど強くない。なぜかというと、理由はふたつある。

ひとつは筆者は手が小さい。自分で自分の手を見て笑ってしまうくらい小さい。だから、たいていの拳銃はもてあますほど大きい。正常にグリッピングできない。

たとえば、シュタイアーGBという拳銃がある。製造された期間も生産数も少ない知名度の低い銃であるが、性能はよく、メカ的には気に入っている。しかし、筆者が握ると引金に指がとどかない。

リボルバーだと、コルト・パイソンとかS&WのM29だのという銃は、ダブルアクションで引金を引くことも困難だし、シングルアクションで親指で撃鉄を起こすのもうまくできない。筆者がどうにか扱えるのは自動拳銃だとワルサーPPK、リボルバーだとS&W・M36チーフス・スペシャルくらいが限界だ。それでも、もっと引金が近くにあってほしいと思う。なんとか、トカレフくらいの中型拳銃なら、両手保持で25メートルのマンターゲットの上半身に命中させることはできるが。

もうひとつの理由は、拳銃は戦場ではほとんど役に立たない武器であるということ。歩兵の銃がボルトアクションであった時代には、引金を引くだけで6、7発速射できる自動拳銃やリボルバーは近接戦闘では使えた。ところが、現代では歩兵の銃はフルオートマチックの突撃銃である。万にひとつも拳銃で勝てはしない。

だから現代の戦場では、指揮官やヘリ・パイロットなど小銃を使うことが主任務でない兵士の自衛火器も拳銃ではなく、カービンやサブマシンガンであることが多い。それが賢明だ。

しかし、後方地域でもゲリラやテロリストの攻撃を受ける可能性はある。そうした地域でも事が起これぱカービンやサブマシンガンを持っているほうが心強いが、そうかといってカフェテラスや劇場やダンスホールのなかまで、蝶ネクタイを付けて肩からはカービンを下げている、というわけにもゆかぬであろう。やはり、スーツの下やウエストポウチのなかに収まるサイズの銃が必要だ。

はてさて、何がいいだろう。

32　モーゼル・ミリタリー（ブルーム・ハンドル）

この銃が登場したのは一八九六年、日本でいうと明治二十九年で、日清戦争の終わった翌年である。そのころ、こんな銃が出現したのだからすごい。

その当時、のちにイギリスの首相となるウィンストン・チャーチルはイギリス陸軍の若き騎兵隊員だったが、右肩を痛めてサーベルを振り上げることができなくて困っていた。そこで売り出されたばかりの、引金を引くだけで10発の弾をつぎつぎと撃てるこの銃を買い込んで戦場へ赴いた。ある日、彼の部隊は圧倒的多数の敵に攻撃され、大勢の仲間が戦死し、チャーチル自身もあやうく戦死するところであったが、モーゼル拳銃のおかげで窮地を切り抜けることができた。

モーゼル拳銃は本国ドイツ軍では採用にならなかったが輸出は好調で、第二次大戦の少し前、生産が終了するまでに100万梃ほども輸出された。とくに中国向けに多く輸出され、日本人にとっては中国軍や満州馬賊の銃というイメージがある。中国で活動した日本人もけっこうこれを使ったものだ。

さてしかし、半世紀以上前に生産終了した銃で、いまや骨董品。弾はあるのかというと、トカレフの弾が同じ規格だ（微妙にトカレフのほうが薬量が多いが）。

グリップが小さいので、筆者の手にも握りやすい。

このグリップの形が箒の柄のようだというので「ブルーム・ハンドル」とあだ名されている。

強力な弾を使うわりには、銃が長く先重りのバランスのせいで、反動は楽である。同じ弾を使うトカレフのような鋭い反動は感じない。ところが、どうもトカレフより当たらない。グリップが小さいうえに形も人間工学的でなく、発射のつど手のなかでグリップが踊っているようだ。これは、やはりショルダーストックを付けて撃つようにできている銃なのだ。実際、照準具もストックを付けて撃った場合の弾着点に合うようになっている。満州馬賊の伊達順之助は人の頭の上にりんごをのせてモーゼル拳銃の片手射撃で命中させていたそうだが、筆者にはとても無理だ。

反動は軽く感じるのに、10発も撃つと親指の付け根の皮が切れた。親指の付け根がグリップより上の金属部分のカドに触れているからだ。これはいかんと革手袋を着ける（これはこの個体だけの問題だったようで、のちに他のモーゼルを素手で撃っても問題はなかった）。

さて、それにしても大きい。とてもスーツの下に隠せない。アメリカのシークレットサービスはスーツの下にUZIを入れていたが、筆者の体格ではミニUZIどころか、このモーゼル・ミリタリーでさえ無理がある。上着の下に忍ばせて歩けず、ショルダーストックを付けなければ命中精度もいまいちというのでは、サブマシンガンを携行するのとかわらない。「大きすぎる」と思ったのは筆者だけではなく、ドイツ軍の将校たちでさえそう思ったようで、ドイツ軍制式拳銃の座は後から出現したルガーのほうに奪われてしまった。

モーゼル拳銃がドイツ軍制式採用になれなかったのは大きすぎるだけでなく、製造に手間のかかる構造だったこともあるだろう。部品の結合にピンを使わず、部品どうしの凹凸の組み合わせで全体を結合していくという手法はメカ好きにはこたえられない魅力だが、部品の形が複雑で、大量生産には向かない。大量に装備しなければならない軍用拳銃としては難がある。それが生産されなくなった最大の理由だろう。

33 ルガーP08

筆者のひじょうに好きな拳銃である。手の小さな筆者にもどうにか使えるグリップの太さ、そしてトグル・アクションという独特の遊底がおもしろい。

このトグル、小さな力で楽に引き起こせる。コルト・ガバメントなどは、力の弱い女性にはスライドを引ききれない人もいるほどバネの力が強いし、その他の銃でも9ミリ軍用拳銃となるとけっこうスライドを引くには力がいるものだが、ルガーは楽にシャッと引ける。反動による銃の跳ね上がりも少なく撃ちやすい。

自動拳銃の、反動による跳ね上がりというのは弾丸の発射反動のエネルギーの問題だけでなく、重いスライドが後退して銃を後ろへ引っ張るから銃口が上を向く、という要素が強いようだ。重いスライドが後退するのは反動を吸収しているようで案外そうではない。モーゼルの撃ちやすさも遊底の質量が小さいことが大きな要素になっているのではないか？

モーゼル・ミリタリーピストルより新しい製品とはいっても、これも100年ちかい昔に設計された銃で、今日から見れば、実用性にいろいろ難のある銃だ。大量生産に適したシンプルな構造の銃だなどとはおせじにもいえない複雑な機械加工の、製造に手間のかかる銃である。モーゼル・ミリタリーよりいくらかまし、という程度か。戦場でルガーが砂塵や泥の付着で作動不良云々という戦記記事は読んだことがないけれども、見るからに砂塵や泥に弱そうなメカである。

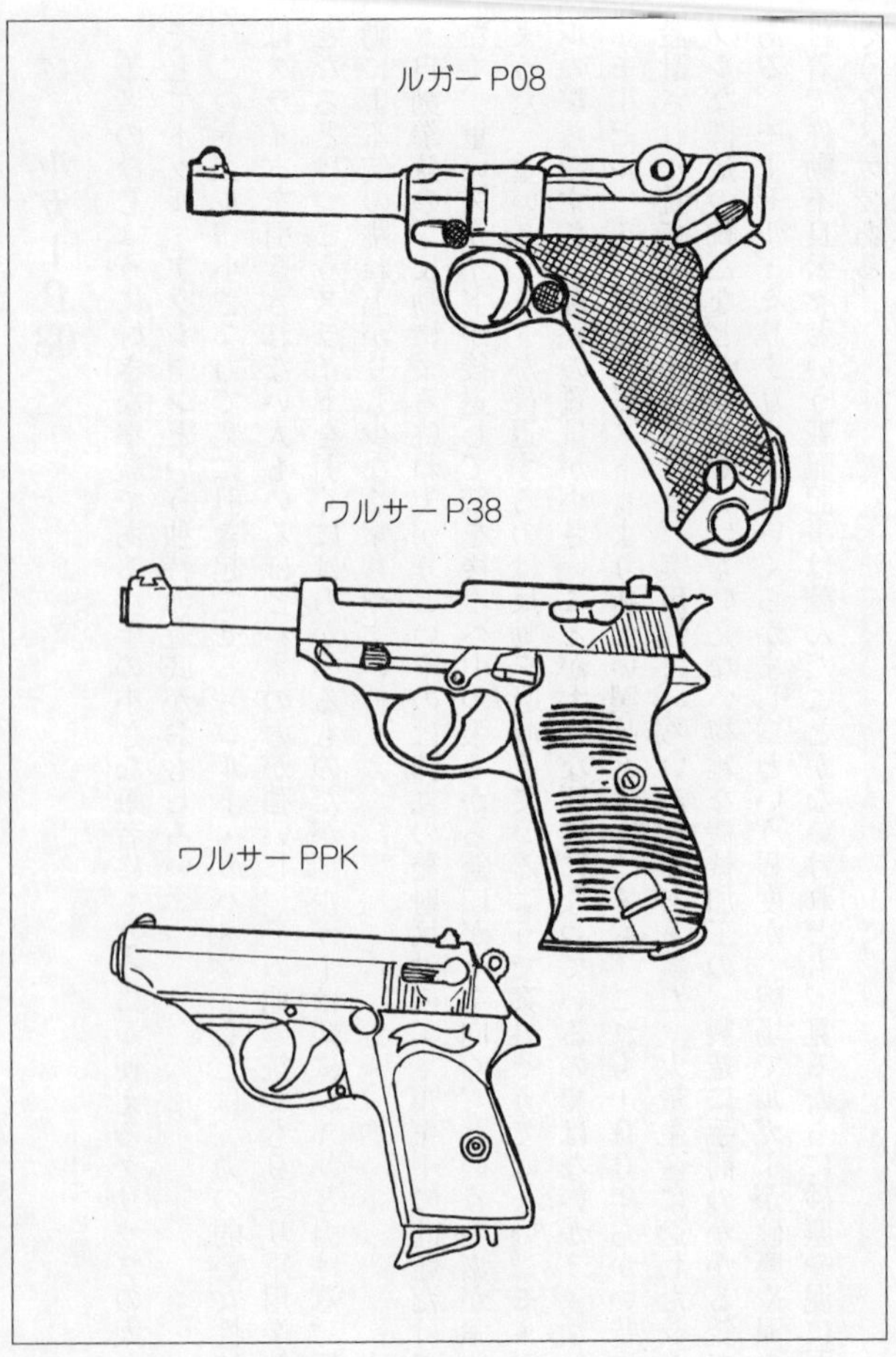
ルガー P08
ワルサー P38
ワルサー PPK

薬室に装填した状態で持ち歩くことにも難がある。

敵と出会ってから遊底を引いて装填していては、間に合わないかもしれない。しかし、あらかじめ薬室に装填したまま携帯すると撃針のバネは圧縮されたままの状態で、なにかの拍子に暴発するおそれがある。撃鉄を指で起こせる構造の銃ならば、薬室に弾を装填した状態で、撃鉄を指でつまんで引金を引き、ゆっくりと撃鉄を倒して安全に携行し、拳銃を抜くとき指で撃鉄を起こすことができる。撃鉄を起こす手間はかかるが、遊底を引くより早い。

それならば、一度倒しておいた撃鉄を指で起こしてから引金を引くよりも、引金を引くだけで撃鉄が起きて、そして勢いよく倒れて発射になるダブルアクションならばもっといい。それで第二次大戦前にダブルアクションのワルサーP38に置き換えられることになった。

銃のほうは完全に過去のものになってしまったが、その9ミリ・ルガー実包（9ミリパラベルムともいうので、ガンマニアの世界では略して「9ミリ・パラ」という）は、その後つくられた多くの銃に用いられ、NATOの共通拳銃弾になっている。7・45グラムの弾丸を0・42グラムの火薬で365m／秒で発射する。

34　コルトM1911（コルト・ガバメント）

一九一一年、アメリカ軍はブローニングの設計になる自動拳銃を制式採用した。俗に「コルト・ガバメント・モデル」と呼ばれる。

コルト M1911

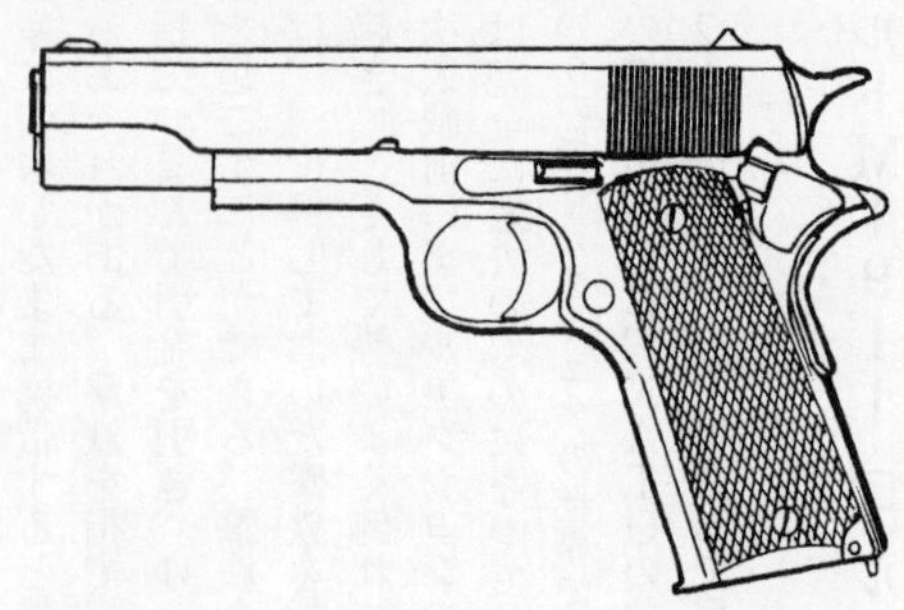

コルト M1911 A1

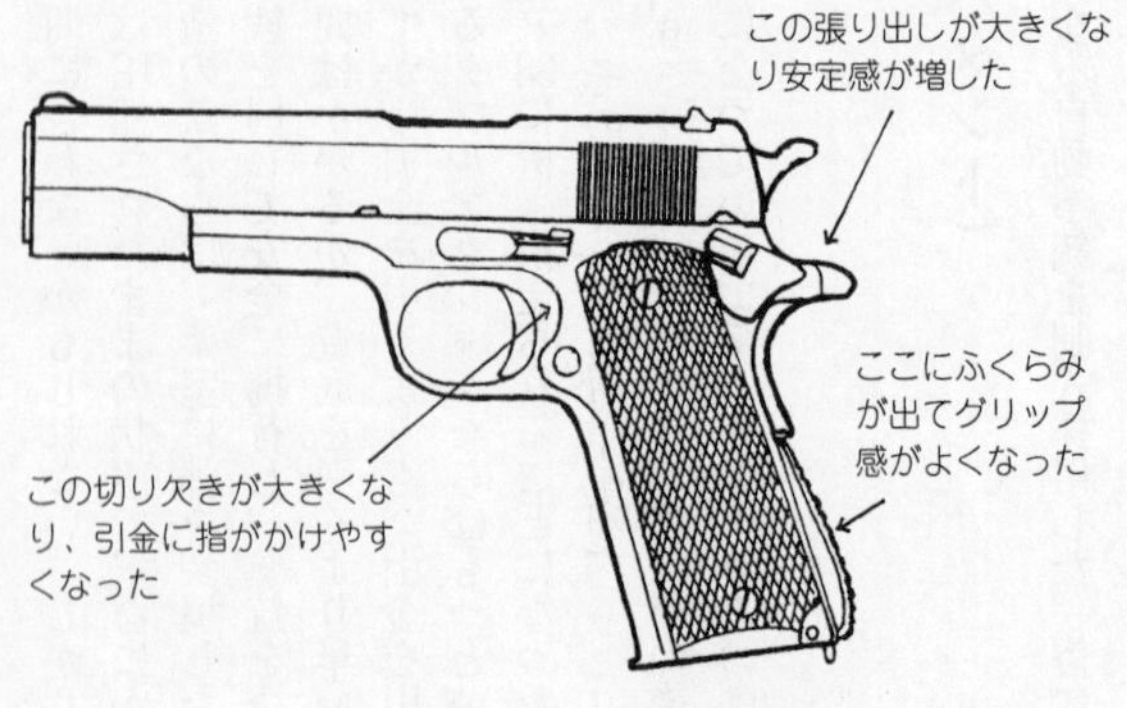

89　コルトM1911（コルト・ガバメント）

「ガバメント」とは政治のことで、この場合、政府の官給品という意味で使われているのだろうが、官給モデルというなら軍の装備はことごとくガバメント・モデルのはずだが、なぜかこの拳銃だけが一般にガバメント・モデルと呼ばれている。

口径は0・45インチ（11・4ミリ）、15グラムの弾丸を0・32グラムの火薬によって260m／秒で発射した。

ヨーロッパ諸国の拳銃は口径9ミリくらいのものが多く、そのかわり弾の速度は速いのだが、アメリカは、あえて低速大口径を採用した。それはフィリピンで独立運動の鎮圧をやったとき、蛮刀を振るって突進して来るフィリピン農民に口径0・38インチのリボルバーで6発撃ち込んでも突進を止められず、アメリカ兵が斬られた戦訓によるものだった。

しかし、重くてゴツい拳銃である。長さこそ217ミリだが、重量は1130グラムもあり、モーゼル・ミリタリーとほとんどかわらない重さがある。ルガーP08ならば850グラム、ワルサーP38ならば840グラム、トカレフならば815グラム、200グラム前後しか違わないといっても、実際に持ってみた感触はすごく違う。スライドを引くとき、防錆油がよく塗られていると滑って引ききれないほど復座バネが強い。

銃の反動は、火薬の量が同じでも弾丸が重いほど反動は強い。9ミリルガーやトカレフのほうが火薬の量は多いのだが、弾丸が重いのでコルトM1911のほうが倍も反動を感じる。重い銃がズーンと後退して来る。

一九一一年に米軍に採用されたこの銃は第一次大戦後、小改良されてM1911A1となった。

自衛隊が創設されたとき、その装備はアメリカ軍の中古装備で発足した。それはしだいに国産装備に置き換えられていったが、拳銃はなかなか国産化されなかった。筆者が入隊したころ、まだアメリカ製のこの拳銃が装備されていた。そのなかには第一次大戦前に製造されたM1911もふくまれていた。

「いやー古いものがあるなー、博物館ものだぜ」

などといいながら、この古いM1911が第二次大戦中につくられたA1より気に入っていたりした。それは、第二次大戦中につくられたものは、けっして手抜きとか雑とかいうほどではないのだが、やはり平和な時代に職人仕事でつくられたM1911のほうが仕上げが丁寧で、引金の引き味も滑らかだったからだ。

35 SIG・P220

アメリカはNATOの大黒柱である。NATOの拳銃弾は9ミリ・パラであるからアメリカも9ミリにしなければならないはずなのに、アメリカでは45口径のストッピングパワーを捨てがたく、他のNATO加盟国がみんな9ミリを使っているのになかなか9ミリに移行しなかった。そのために有事にはアメリカから弾を補給してもらうことを期待している自衛隊もなかなか9ミリ拳銃に移行できなかった。

しかし、一九八〇年代になってアメリカがようやく9ミリに移行することが確実になったので、自衛隊も一九八二年に9ミリ拳銃SIG・P220を採用した。

さてしかし、この銃、口径は小さくなっても銃は全然小さくなっていない。鉄の塊から削り出したコルトにくらべ、アルミ・フレームに鉄板プレスのスライド、軽くなってはいるが（安っぽい）、全長が少し短くなっているもののグリップはコルト・ガバメントより太い。ダブルアクションというメカはよいとして、引金が遠いので、せっかくのダブルアクションも引金を引くのが困難だ。反動はコルト・ガバメントの半分ほどにも感じられず、銃口の跳ね上がりも少なく撃ちやすい。手が大きければグリップの形はよいから、いい銃だとは思うのだが、日本人の手に合わない。

日本人の手に合わないような銃が、なぜ自衛隊に採用されたのか？　それはおそらく実戦で役に立つかどうかよりも、普段の訓練で事故がないことを何より重視する自衛隊にとって安全性に優れたメカを持っていたからだろう。薬室に弾を装填していても、撃針がブロックされていて、落としたりした衝撃で暴発することがない。引金を引くことによってはじめて撃針の固定が解除される。その安全性の高さが日本人の手に合わないにもかかわらず採用された理由だろう。

それにしても、なぜP220だ？　この銃の兄弟分でP226というのがあり、こちらは9ミリ弾が15発入る。それがおなじ大きさの銃で自衛隊のP220は9発しか入らないのだから、なんでP220のほうを採用したか？　という批判もある。ひょっとすると、つぎのような理由ではなかろうか？

自衛隊が9ミリ拳銃の採用決定をしたとき、アメリカはまだ9ミリ拳銃の採用が決定していなかった。45にこだわる意見も強いアメリカ、ひょっとして9ミリへの移行は白紙撤回とか延期とか、あり得ないとはいえない。そうなったとき、有事にアメリカからの弾薬補給に期待しなければならない自衛隊はどうなるか？

ところがこのP220は、もともと45ACP実包が使えるようにつくられた拳銃で、自衛隊向けはそれを銃身や弾倉を9ミリ用にしているだけなのだ。もし、アメリカが45にこだわりつづけたときは、銃身と弾倉を45ACP用のものと取り替えればよい。

おそらく、そんなことを考えたのではないかと筆者は推測している。

36 ブローニング・ハイパワー

日本人の手に合うということなら、9ミリ弾が13発入るブローニング・ハイパワー（M1935）のほうが、まだ握りやすい。

コルト・ガバメントの設計者ジョン・ブローニングが第一次大戦後に設計したもので、モーゼル・ミリタリーを別として、グリップ内部が弾倉になっている銃としては世界で最初に複列弾倉を持つ拳銃となった。ブローニングの設計だが、ベルギーのFNで製造され、イギリス軍の制式拳銃となり、カナダでも生産され、中華民国（国民党軍）や日本の海上保安庁

ブローニング・ハイパワー

七七式拳銃

モーゼル・ブルームハンドル

トカレフ

でも使われた。

長さはP220とほとんどおなじだが、ブローニング・ハイパワーのほうがわずかにスリムである。スリムなブローニング・ハイパワーのほうが13発入り、太いP220のほうが9発なんだから納得できない話で、筆者は、どちらか選んで戦場へもって行けといわれたら、ブローニング・ハイパワーのほうを持っていく。

もっとも、SIGでもP226なら15発入るが、手の小さな筆者としては、ブローニング・ハイパワーのグリップのほうが握りやすく引金も近い。ただ、ブローニング・ハイパワーは引金の引き味がシャープでなく、標的を撃つときはその間接的な鈍い引金の感触が気になるのだが、実戦の結果を左右するような問題ではない。

また、アルミニウム製のフレームを持つ

SIGに対し、ブローニング・ハイパワーは鉄から削り出しなので、スリムだといってもP220の800グラムに対し、950グラムと重いことは重い。たしかに持ってみてはっきりと重さの違いを感じるが、バランスがよいというのか、815グラムのトカレフより軽く感じる。軽く感じるという点ではP220はトカレフより15グラム軽いだけとは思えない軽さを感じる。大きさのわりに軽いものは軽く感じるということか。

だが、ブローニング・ハイパワーはダブルアクションではないし、薬室に弾を装填して持ち歩くときの安全性からいっても、メカ的にはSIGのほうが優れた銃である。また、撃ってみるとブローニング・ハイパワーのほうが銃口の跳ね上がりが大きい。しかしそれでも、本当に戦場で命のやりとりをする場面を考えたら、手に合わない銃は選びたくない。

37 トカレフ

世界の軍用拳銃をずらっと並べて、どれでも選んで戦場へ持っていけといわれたら、筆者が選ぶのはなんと、トカレフである。理由は、手に合う寸法だから。

トカレフは強力なわりには小型で握りやすい。筆者のように手の小さい者が片手保持で扱える大きさに収まっている。口径7・62ミリだが、これはモーゼルミリタリーとおなじ弾、5・64グラムの弾を0・5グラムの火薬で秒速500メートルで発射する反動は45のような、突き飛ばされるような重い反動ではなく、平手打ちされているようなピシッと鋭い感じだ。もちろん、9ミリパラより強い反動である。口径は小さいのだが、火薬量の多い強力な弾を使うせいだ。それでも不思議とブローニング・ハイパワーより銃口の跳ね上がりが少ない。

強力だといっても口径の小さい弾はストッピングパワーに難がある、といわれてきた。必死で突進して来る相手は、小口径高速弾が何発か体を貫通しても突進を止めない。大口径低速重量弾でハタキ倒さないとだめだ、と。だからアメリカは45にこだわった。

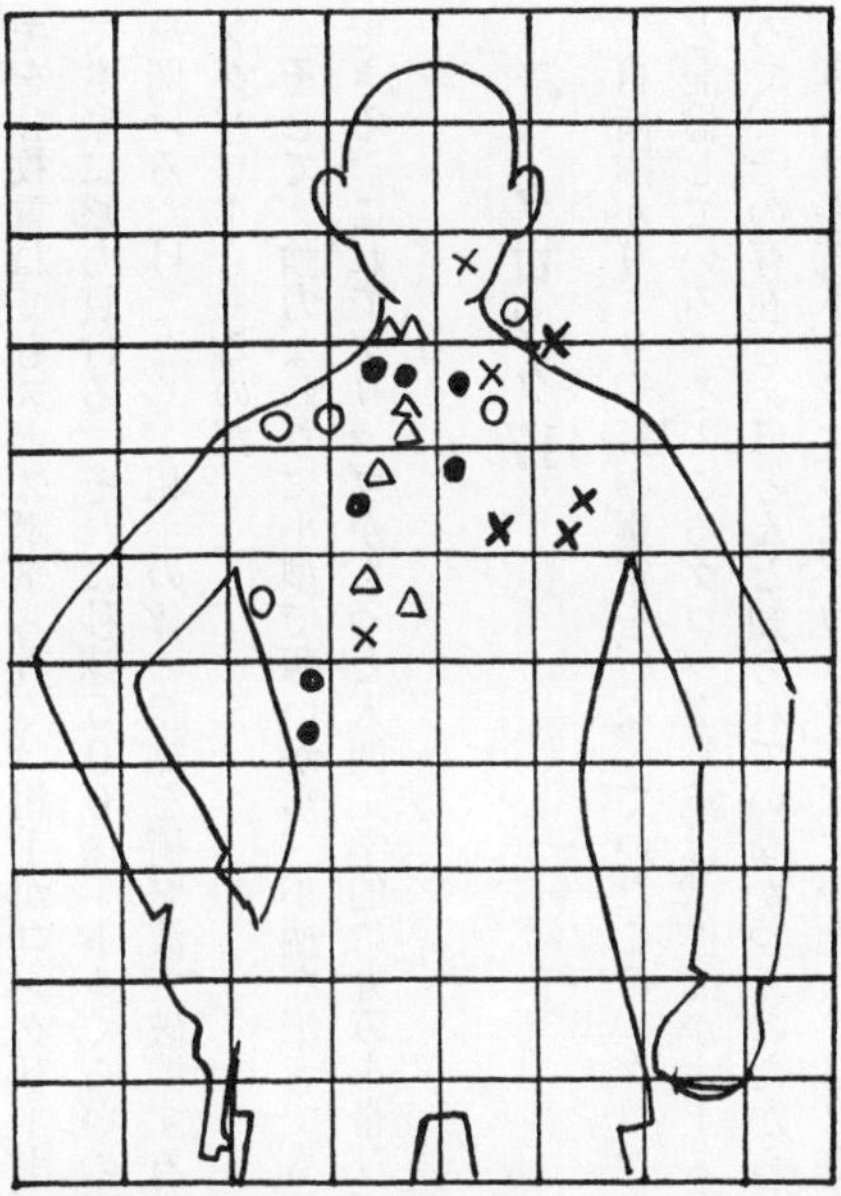

筆者によるトカレフ射撃結果　25m
●＝両手保持　○＝片手保持　×＝膝射ち　△＝伏射

だが、現代では、敵が防弾チョッキを着ていることが多くなってきた。45の低速弾では防弾チョッキを撃ち抜けない。それがアメリカが9ミリへの移行に踏み切った理由だろう。貫通力ならトカレフは抜群、防弾チョッキを2枚重ねてもスポスポ撃ち貫く。相手がコンクリートブロックや自動車など楯にしていても楽に撃ち貫ける。それに秒速500メートルくらいの高速弾になると、命中してただ穴を開けるだけでなく、相手の体の組織を衝撃波で破壊する効果が出てくる。意外とストッピングパワーもあるのだ。

そして、強力なわりに小型で薄いから、小柄な筆者でもスーツの下に忍ばせておくことができる。これでグリップがもっと人間工学的に丸みを帯びていたら最高だ、と思うのだが。

38 グロック17

自衛隊が9ミリ拳銃の選定を行なっていたころ、グロック拳銃は候補になっていなかったと記憶している。そのころグロック拳銃は試作品がオーストリア軍のテストを受けていたころで、その存在さえほとんど知られていなかったのだからしかたがない。しかし、もし日本の9ミリ拳銃トライアルにグロックが出ていたらP220を退けてグロックが採用された可能性はある。もっとも、頭の固い自衛隊はプラスチックの拳銃など採用しなかった可能性もあるが。

筆者がどこかの国の王様なり軍の装備選定担当者だったら、自国の装備として選ぶ拳銃はグロックをおいてほかにない。ただし、部下の兵隊にはグロックを持たせても自分だけはルガーP08を腰にさげていたいのだが、それは自分の周囲にグロックを持った部下がいる、と

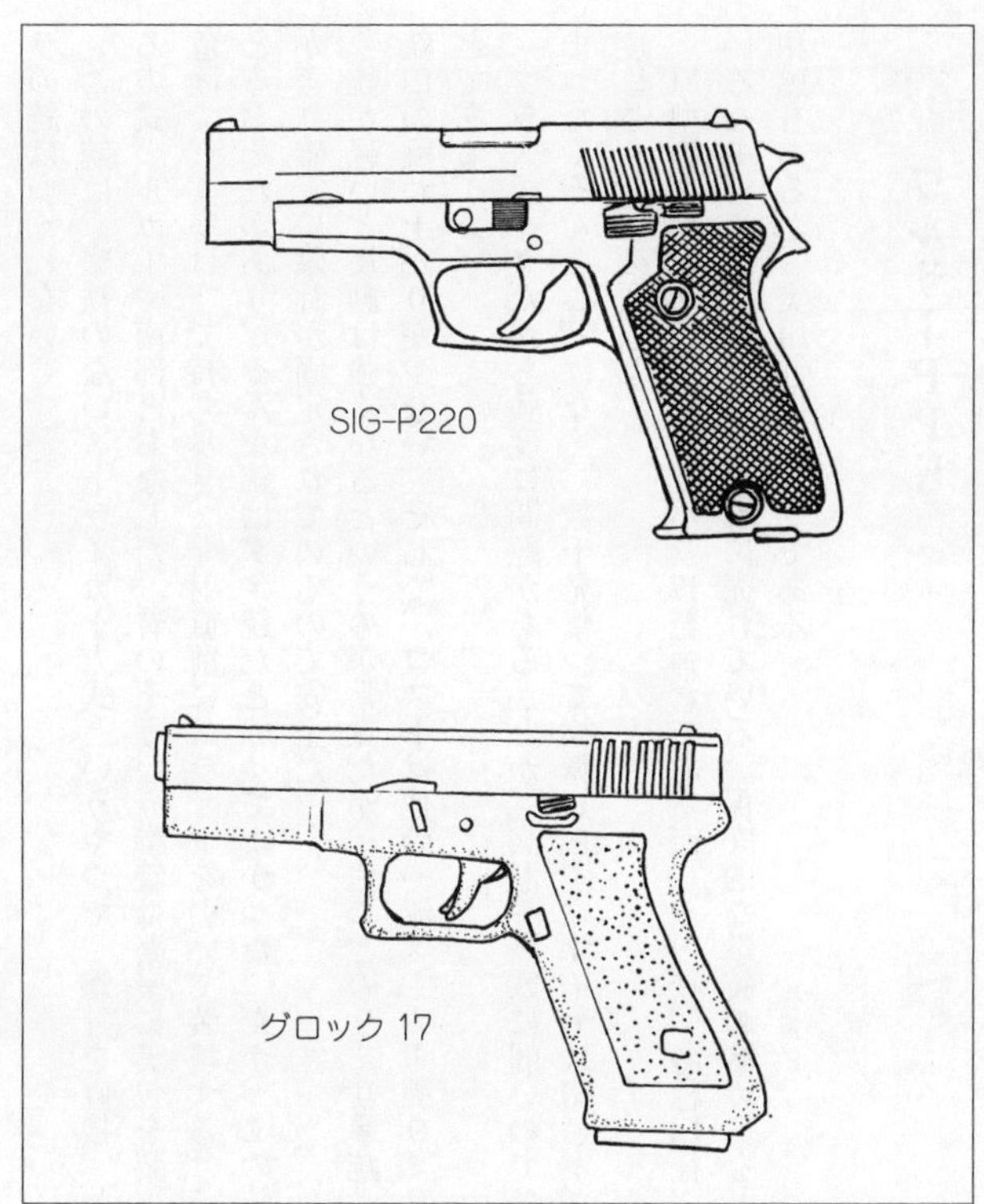

いう前提での話である。

グロックはプラスチックのフレームを持ち、9ミリパラの軍用拳銃としては信じられないような650グラムという軽さである。これは鉄の拳銃だとワルサーPPより軽く、PPKより重いという値だ。金属でつくったら、とてもこの重さで9ミリパラの銃はつくれない。

この銃は、撃鉄のないストライカー方式というやつで、撃針を直接、強いバネで前進させる方式。ルガーや南部とおなじだ。昔のそういう拳銃は薬室に実包を装填して持ち歩くのは危険で、薬室は空で持ち歩き、発射直前にスライドを引いて装填する。それでは敵に後れをとるおそれがあり、そんな銃はダメ銃だといってよかった。だが、この銃は引金を引かないかぎり確実に撃針が固定されているので安全だ。

銃が軽いと反動は強くなるというのが常識だが、他のどの9ミリ拳銃よりも反動が軽く、銃口の跳ね上がりが少ない。そして、コストは他の一流メーカー製9ミリ軍用拳銃の半分ほどである。

プラスチックだから強度に問題があるかとか、高温や酷寒に弱いのではないかというと、まったくそんなことはなく、数千発撃って故障知らず、マイナス60℃~プラス200℃の温度にさらして変質なし。

原型のグロック17は9ミリパラ17発弾倉であるが、その後、各種口径、各種サイズのいろいろなモデルが生産され、売れに売れている。保守的な拳銃のメカになじんだ人には少し違和感もあるが、実用性は断トツである。

39　ワルサーPPK

拳銃は、安全に携行するには薬室に装填せずに持ち歩き、発射の直前にスライドを引くべきである。

薬室に装填しておくとすれば、撃鉄を指でつまんでおいて引金を引き、弾が出ないようにゆっくりと撃鉄をおろして持ち歩き、発射直前に指で撃鉄を起こす、という方法をとらねばならない。第二次大戦ころまでの自動拳銃とは、そういうものであった。

しかし、それではとっさの時、敵に後れをとるおそれがある。とっさの時の抜き打ちならリボルバーのほうに利がある、というわけで軍用拳銃はどんどん自動拳銃になっていっても警察用拳銃はリボルバーが多く使われていたし、アメリカの憲兵などもリボルバーを好む傾向があった。

だが、一九二九年に登場したワルサーPPは、薬室に弾を装填し、安全装置をかけると撃鉄が安全に倒れ、引金を引けば倒れていた撃鉄が起き上がり、そして倒れて発射するというダブルアクション機構を持っていた。

さらにこの銃は、薬室に弾が装填されているかどうか、一目でわかる薬室指示ピンが設けられ、それは手探りでもわかる。

このワルサーPPは警察用の小型拳銃だったが、これを私服警官用にさらに少し短くしたのがPPKで、これは映画007の拳銃として使われて知名度を高めた。

ダブルアクションならば抜いて引金を引けば弾は出る。1発めが早く撃てれば2発め以降は自動拳銃のほうが有利である。

さて、拳銃というものは、実際のところ戦場ではほとんど役に立たないものである。むしろ拳銃は最前線ではなく、後方でレストランや劇場にいるようなとき、ゲリラやテロリストの襲撃を受けたような場合、必要になるものだ。そこで重要なことは、スーツの下に違和感なく収まるサイズ、肌身離さず持ち歩いて苦にならぬ重量、即座に抜いて撃てる状態で持ち歩いて安全なこと。

この要求にかなう銃として、ジェームズ・ボンドがワルサーPPKを選んだのはまことに正解。

女性の護身用によく売れている。そうであろう、小型で扱いやすく見た目の姿も美しい。アメリカの男には小さすぎるようだが、筆者のように手が小さい者にはこれしかないというくらいのものだ。

唯一難があるとすれば、テロリストのような戦闘意欲旺盛な敵と戦うにはぎりぎり最小限の威力、というよりは威力不足だということだ（それで映画の007でも、最近は9ミリパラの、ドイツ連邦軍の最新型ワルサーP99に切り替えた）。

PPKのオリジナルの口径は7・65ミリ（32ACP）で、弾のメーカーによって弾丸の重さ薬量、弾速にいくらか違いのあるものが販売されているが、だいたい弾丸重量4・5グラム、弾速300m／秒くらい、その後つくられた380ACP（9ミリ・ショート）だと弾丸重量6グラムちょっと、0・2グラムほどの火薬を使って弾速310m／秒くらいのものだが、いまひとつパワーに欠ける。しかし、この小さな銃では、この9ミリショートでも限界ぎりぎりの強さなのだ。

40　中国七七式

「ワルサーPPK、それとてもよい、でも高い。中国七七式、これお買い得」と、中国の武器商人が持ってきたのが七七式。ワルサーPPKとほとんど同寸法・同重量。撃鉄はなく、撃針に直接、強いバネを付けて雷管をたたくストライカー式だ。

そこで薬室に弾を入れずに携行する。銃を引き抜くや、引金でなく用心金の前方に指をかけて引く。すると連動しているスライドが後退し、つぎに復座バネの力で前進、弾を薬室に送り込む。そのままさらに用心金を引きつづけると今度は用心金が引金を押して発射となる。

もちろん薬室に弾が送られた時点で用心金から指を離し、普通の拳銃のように引金を引いて発射することもできるし、両手が使えるなら普通の拳銃のように左手でスライドを引いてもいい。急ぐときには用心金を引けばダブルアクション拳銃のようにすぐ発射でき、ダブルアクション拳銃のように構造が複雑でないから安くてお買い得、というのがこの中国七七式だ。

それに、ワルサーPPKは復座バネの力が強く、スライドを引くにも小さな銃のわりには力がいり、ダブルアクションで引金を引くときもわりと強い力が必要だが、この七七式のスライドを引くのは楽だし、用心金を引いてスライドを引く力も、引く距離こそ長いがPPK

の引金をダブルアクションで引くより楽な気がする。

だが、やはり、ここで筆者の手の小さいことが問題になる。ＰＰＫの引金でさえ、もうちょいと近くにあってほしいと思っているのだ。用心金に人さし指をかけて引くというのは、やはり遠すぎる。

それに、弾が７・６２×17という独特のものを使用することも問題だ。32ＡＣＰとか外国で手に入りやすい弾を使わないと売れないぞ。

弾が小さいから、弾倉には８発入るが、７・６２ミリで初速３１８ｍ／秒では、戦闘精神旺盛な敵に対しては威力不足だろう。

41 マカロフ

「７７式がお気に召さなければマカロフはいかがで？　少しだけ大きくなりますが、まあ小型軽量、口径も９ミリあります」

第二次大戦後、ソ連がトカレフの後継としてドイツのワルサーＰＰを参考に開発したダブルアクション小型拳銃である。口径は９ミリだが９ミリパラではなく、９×18（９ミリマカロフ）という弱い実包を使う。６・１グラムの弾丸を０・２グラムの火薬で３１５ｍ／秒で撃ち出す弱い弾だから、撃ちやすいのだが、トカレフのように防弾チョッキを撃ち貫くとか、レンガの壁のむこうの敵を壁ごと撃ち貫くようなことはできない。

軍用としては威力不足だと思うのだが、しょせん拳銃など最前線で戦闘の役に立つものではなく、命令に従わない兵士を射殺するためのものだ、と割り切っているのかもしれない。それなら、いい銃だ。しかし、PPKよりひとまわり大きい。これくらいの大きさがあったほうが撃ちやすい、という人も多いだろうが、筆者は手が小さいからPPKのほうがいい。それにPPKにくらべて美しくない。

しかし、ソ連崩壊後、ロシアや東ヨーロッパ製のマカロフが欧米へ輸出されていて、性能のわりに安いものだからよく売れている。筆者の体格・手の大きさだからPPKの大きさにこだわるが、欧米人の体格ならマカロフのほうがよいくらいであろう。

42　ナガン

一八九五年制式の帝政ロシア時代のリボルバーだ。日露戦争から第一次大戦までロシア軍の第一線で使われ、トカレフが主役になった第二次大戦でも補助的に使われた。

握った感触はいい。ダブルアクションリボルバーだから引き抜きざま、引金を引けば……引けば……ものすごい引金の重さ、実際問題ダブルアクションじゃ使えない、といっていい。

この引金の重さは何なのだ。シュタイアーAUG突撃銃のフルオートのときより重いんじゃないか？　シングルアクションだと無理なくすっと引けるのだが。

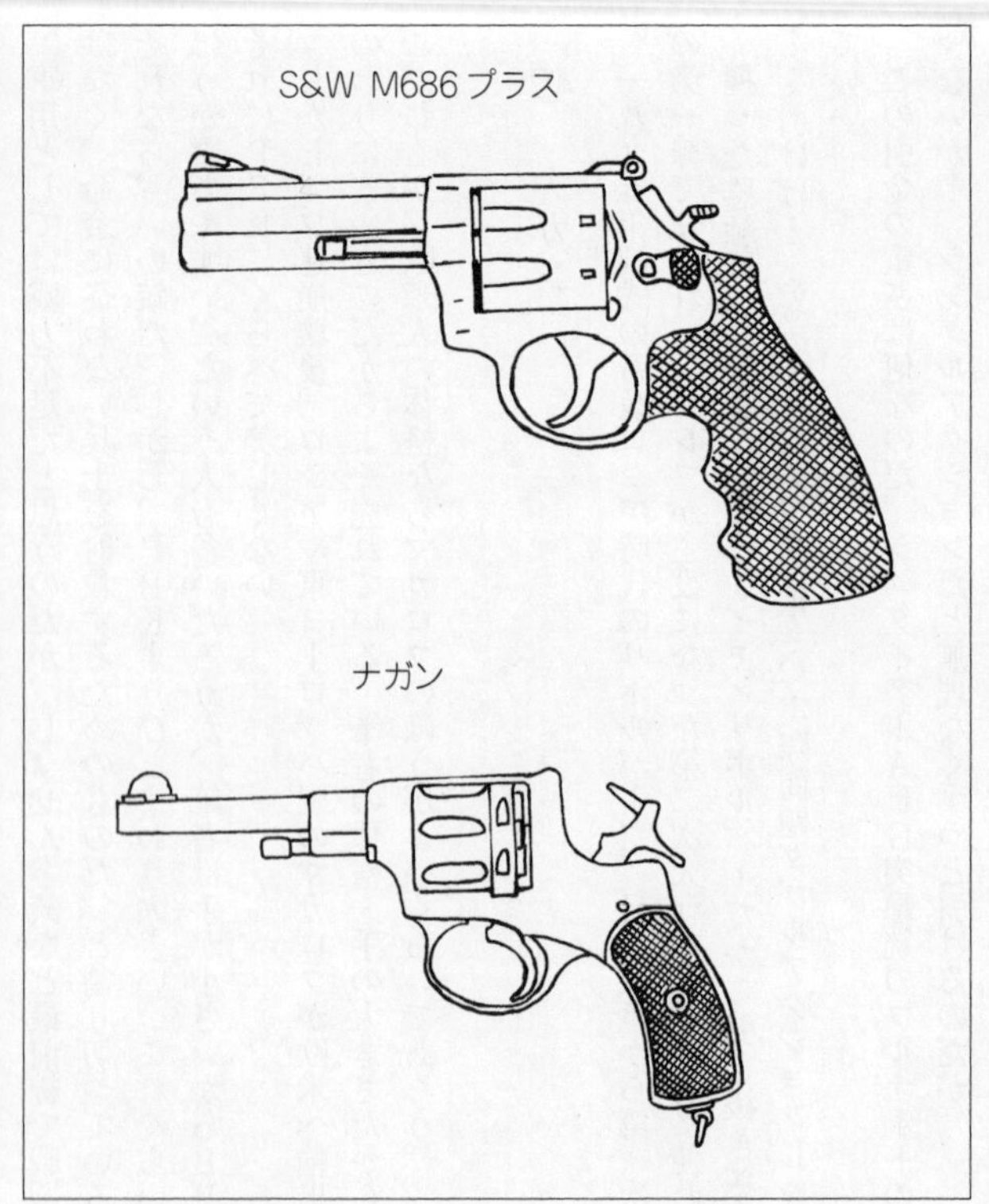

この銃、おもしろいメカを持っている。

普通、リボルバーは銃身とシリンダーの間にわずかな隙間がある。火薬が燃焼して弾丸を発射するとき、この隙間から高圧ガスが漏れる。だから試みにリボルバーを紙袋やポリ袋に入れて、銃口は袋の外に出して発射すると、この隙

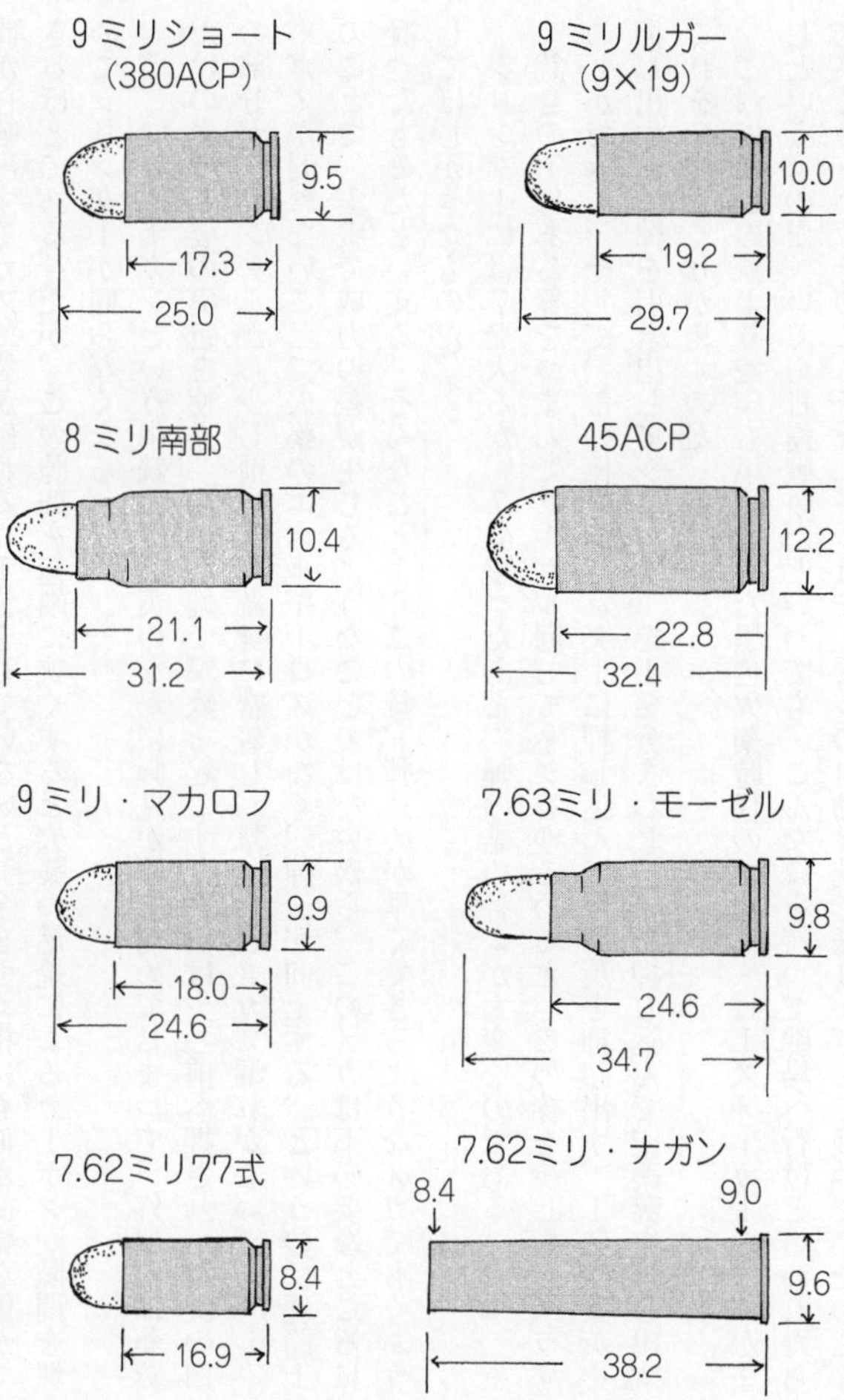
9ミリショート
(380ACP)
9.5
17.3
25.0
9ミリルガー
(9×19)
10.0
19.2
29.7
8ミリ南部
10.4
21.1
31.2
45ACP
12.2
22.8
32.4
9ミリ・マカロフ
9.9
18.0
24.6
7.63ミリ・モーゼル
9.8
24.6
34.7
7.62ミリ77式
8.4
16.9
7.62ミリ・ナガン
8.4
9.0
9.6
38.2

間から噴出するガスで袋が破れる。手袋をしていないと引金を引く指にも何か微細な傷ができるほどである。だが、この隙間を極端に狭くすると火薬の燃焼によるカーボンが隙間を埋めてシリンダーが回らなくなる。

そこでこのナガンという拳銃は、薬莢のなかに弾丸が頭を沈めてしまって、外観上は薬莢だけのような姿の実包を使う。発射準備で撃鉄を起こすと薬莢は少し前へ押され、薬莢の口の部分がシリンダーから少し前へ出て銃身に密着し、撃ったときガス漏れがない。

ガスが漏れないことで火薬のエネルギーロスがなく、弾速が向上する、というのは理論上のことで、実戦で威力の差が生じるようなことではないから、このメカは不必要なところに凝ったものだといえる。そんなことよりこの銃、弾込めが早くできるようなメカでもくふうしてほしかったものだ。

シリンダーには7発入るが、7発撃ったあと、弾の詰め替えが大変なのである。

銃身の下にある棒をつまんでグルグル回してネジをゆるめると、この棒を少し横へズラすことができる。そして、この棒をシリンダーに押し込んで空薬莢を押し出す。1発空薬莢を押し出すと、棒を引き出してシリンダーを1発分まわし、棒を押し込んで空薬莢を押し出す。これを7発分くりかえすのだ。

これではこの銃より22年も早くできた黒色火薬時代のコルト・ピースメーカーのほうがましというものだ。いくら日露戦争だといっても、こんな銃を持って戦場へ行けといわれたら冗談じゃない。そのころチャーチルはモーゼルの自動拳銃を振りかざして戦っていたのだし、日本軍の26年式拳銃なら元折れ式でシリンダーが開き、迅速に弾込めができたのだから。しかし、グリップを握った感触だけはいい。筆者の手に合う。しかし、絶対に戦場へ持っていきたくない。

威力的にも問題がある。7・62ミリ、271m／秒なんて冗談じゃない。やっぱりロシア軍の拳銃というのは戦闘用じゃなくて、命令に従わない兵隊を銃殺するための道具でしかないんだろう。それでさえ威力不足かもしれない。かのロシアの怪僧ラスプーチンは5発撃ち込まれても死なず（撃ち込まれた弾の数については諸説あるが）、川へ投げ込まれて溺死したというのだから。

それにしても筆者は、このロシア軍のナガンを撃ったことはあるのに、おなじ日露戦争時の日本の26年式を撃った経験がないのは遺憾である（26年式の火薬抜きの弾は持っているのだが）。

43　S&W M686プラス

リボルバーの利点は、弾を詰めて安全に持ち歩き、いざという時、とにかく抜いて引金を引けば弾は出る。自動拳銃ならば、不発だったり作動不良があれば両手を使ってスライドを動かしてやらねばならないが、リボルバーなら、とにかく引金を引けばシリンダーが回ってつぎの弾が出る。その信頼性の高さは評価できる。

だが、ナガンはひどかった。だいたいダブルアクションじゃ引金が引ききれない。おまけに相手がラスプーチンでなくとも威力不足だ。1発で相手をくたばらせるリボルバー用の弾というと357マグナムだな。7グラムの弾丸を1・1グラムの火薬で530m／秒で発射する（弾のメーカーにより、いろいろなものを出しているが）。

357マグナムというなら、スミス・アンド・ウエッソンのM686リボルバーはどうだ。M686は従来6発入りだったところを大きさはそのままに7発シリンダーにした「M686プラス」これはどうだ。ステンレス製で錆びないから手入れが楽だぞ。

ふむ、357マグナム7発か、ラスプーチンはいないか？

さてしかし、筆者は手が小さい。この4インチ銃身のものでも全長252ミリ、重さ1100グラムだ。大きく、重い。片手では操作できない。ダブルアクションで引金を引けなくはない。ナガンとはくらべものにならないほどスムーズに引ける。しかしなんとも引金が遠い。シングルアクションで親指で撃鉄を起こそうとすると、グリップを握ったまま親指を撃鉄にかけるのは無理、銃を握りかえるような感じでようやく撃鉄を起こす。

この銃を使って撃ち合いになれば、筆者は昔の西部劇にあったように左手で撃鉄を起こす「ファニング」をしなければなるまい。そうすれば、引金の切れはいい。

反動は、衝撃吸収性のよいゴム製グリップのおかげで意外に楽だ。自動拳銃のようにクッションのある反動ではなく、いきなり硬い反動が銃身を蹴り上げる。しかし、これまたゴムのグリップのよさで、筆者のように手の小さい者が片手で保持していても、銃が手から離れそうになるということもなく、しっかりグリップできる。手首が痛いというほどのこともない。

腕のいい人が撃てば、15メートルで直径10センチの円にまとめられるというが、筆者は拳銃はへた。20センチほどにしかならなかった。

44 機関銃とは

引金を引くと「ダダダダダ」とフルオートマチックで弾が出て行く銃はすべて機関銃だというわけではない。現代では一般歩兵の小銃にもフルオートマチック射撃の機能は備わっている。しかし、銃弾を発射すると反動があり、軽い銃はそれだけ反動で大きく動く。歩兵の軽い銃でフルオートマチック射撃をすると反動で銃が激しく動き、銃を正確に目標に向けつづけることもできない。だから、普通は1発1発狙って撃ち、フルオート射撃は市街戦などで突然、近距離で敵と出会って狙う暇もないとき使うだけである。

これに対して機関銃は遠距離の敵をフルオートマチックで正確に射撃するようにできており、1人で運べないほどの重さがある。軽機関銃でさえ担いで歩くのもいやになるほど重い。ふつう三脚に乗せて使い、銃本体を運ぶ兵士、三脚を運ぶ兵士、弾薬を運ぶ兵士など何人ものチームで1梃の機関銃を運用するのである。

だが、三脚に乗った重機関銃は1000メートルの距離で直径1メートルの円に集弾させることができるほどで、隠れるものが何もない開けた場所では、1挺の重機関銃によって大部隊が壊滅させられるおそれがある。むかし日本軍が使った九二式重機関銃などは、フルオートマチック狙撃銃という感じの恐ろしい武器であった。しかし、重すぎて人手を食うので、機動性を重視する現代では、このような重すぎる機関銃は好まれない。

45 マキシム08

水冷式の機関銃というものは第一次大戦でよく使われたけれども、機動性がわるいので第二次大戦ころにはあまり使われなくなっていた。自衛隊がアメリカの中古装備をあたえられて発足したとき、ブローニングM1917A1水冷式機関銃もあったという話を聞いているが、実際に撃ったことどころか、見たこともない。この種の重機関銃は過去の遺物で博物館ものであり、現代では撃ってみる機会などまずないものである。

しかし、中国でおもしろいものを見つけた。マキシム08、第一次大戦で使われたドイツの水冷式重機関銃だ。それを第二次大戦前の中国国民党軍が輸入して装備していたものが共産党軍の手に落ち、現在の中国軍の倉庫に眠っていたのだ。

もっとも、この銃はオリジナルのままではない。本来、口径8ミリ・モーゼルで、布弾帯を使用するのだが、ソ連式装備の人民解放軍がソ連式の7・62×51R機関銃弾と金属リンクを使うように改造してあった。

だから弾は豊富にある、ということでソ連式の機関銃弾を使うマキシム08なる珍品を射撃した。

しかし、この改造は、成功作ではなかったようで、しょっちゅうジャムる。7・62ミリ弾は8ミリモーゼルにくらべると反動の弱い弾だから、8ミリモーゼルを使う反動利用式のマキシム08に使うと反動力が足りないのかもしれない。

マキシム08

中国の六七式機関銃

M2 重機関銃

46 六二式機関銃

アメリカの中古装備で発足した自衛隊は、一九六〇年代から装備を徐々に国産化していったが、小火器分野ではまず、この六二式機関銃が一九六二年に制式化された。しかし、これは「どうしてこんなものが採用になった?」といわれるほど欠陥の多い機関銃であった。

まず、機関銃とは呼べないほど調子がわるい。たまに調子がいいと思うと、今度は引金から指を離しても弾が出つづける。銃身がはずれて落ちる!

機関銃は連続射撃によって銃身が加熱したとき(だいたい500発前後、連続射撃すると銃身が赤くなるほど過熱するのだが、その前に200~300発で銃身を交換して冷やす)予備の銃身と交換して撃てるように、簡単に銃身交換ができるようになっているものだが、射撃途中で抜け落ちるなんて論外であろう。

銃身に保護カバーが付いていないのも問題だ。銃身を保護するのではなく、手をやけどしないためだ。機関銃はふつう二脚を立てて地面に据えて撃ち、小銃のように手で構えて撃つことはあまりない。だから銃身が熱くなっても、銃身に触らなければいいことで、銃身が風でよく冷えるように銃身にカバーなど付けない、というのがこの六二式機関銃だ。

しかし、場合によっては機関銃も抱えて撃つことがある。そのとき六二式機関銃は、専用の耐熱手袋を付けて射撃することになっている。

「馬鹿か！」

と、いいたくなる。手袋というものは戦場で二番目になくしやすいものだ（一番なくしやすいのは命！）。機関銃には絶対に手が直接銃身に触れないようにするハンドガードがなくてはいけない。

こういう銃が設計されてしまうというのは、設計者に兵士として行動した経験がないからだ。そういう観点からも、徴兵制というのはあったほうがいい。

イギリスでまともな銃がつくれないのは、銃規制が強くて銃の設計者さえもあまりいろいろな銃を使った経験がないということもあるが、イギリス軍は徴兵制でないので技術者に兵士としての経験がない、ということもあるだろう。

とにかく現場の隊員には評判のわるい銃で、アメリカ軍供与の古いブローニングM1919のほうがよほどいい（六二式より大きく重くても）、というのが隊員たちの評価だったが、その古いブローニング機関銃は七〇年代に姿を消してしまった。

47　中国六七式

この中国製機関銃、ちょっと目には日本の六二式に似ているが、六二式と違ってすこぶる調子がいい。ロシア式の7・62×51Rという機関銃用としては使いにくい形状の実包を用いて、それで調子がいいのだからたいしたものである。逆にいえば、中国にも劣る銃しかつくれない日本の情けなさ。

このロシア式の実包はリムド形といって薬莢の底の、リムと呼ばれる部分が薬莢の胴体直径よりかなり広くなっている。抜き出しやすくするためである。しかし、それは逆に押し込むときにひっかかりやすいので、自動銃や機関銃に使うには難しいのである。

アメリカ軍や自衛隊が使っている7・62ミリNATO実包のリムは、薬莢胴体直径に対して広がっておらず、溝を掘ることによってリムが形づくられている（リムレス形という）。このような形式だと、ベルトから実包を抜いて銃身に押し込むとき、単純に前へ押し込めばいいのである。

ところが、リムド形だと、一度後方に引き抜いて、少しズラして、それから銃身へ押し込む必要がある。それだけ複雑なメカが確実に働いてくれなければならない。それが確実に働いてくれているのだ。

これにくらべると、シンプルな設計ですむ有利な実包を使いながら、トラブってばかりいる日本の機関銃は何なのだ。

さあ、どれだけ調子がいいかテストしてやる。

５００発、ベルトをつないだ。

「ドドドドドドドドドドドドドドドドドドドドドド……」火薬の煙だけではない、銃に塗られていた防錆油が熱で蒸発して濛々と白煙が上がる……「ドドドドドドドドドドドドド……」飽きてくるな……「ドドドドドドドドドドド……」５００発撃ち終わり、装弾不良なし。

もっと新型のソ連のPKM機関銃など撃ってみたいものだが、まだその機会を得ていない。

これら旧共産圏のリンク・ベルトは西側のリンク・ベルトのように分離式でない。西側の機関銃のリンク・ベルトは撃ち終わるとバラバラになって排出されるのに対し、旧共産圏のベルトはつながったまま出てくるので、移動するときはじゃまくさい。しかし、日本の九二式機関銃のトラブルのかなりの部分がリンクの排出不良であることを思えば、分離式でないのもそれなりに長所はあるのかもしれない。ドイツの機関銃が高性能を誇っているが、あれも分離式ではないのだ。

48　RPDとRPK

第二次大戦後、ソ連は従来の歩兵銃弾薬より小型の弾薬を使うAK47突撃銃を装備した。しかし、歩兵の小銃は近距離戦闘に使うのだから射程の短い小型弾薬でいいのだが、機関銃は、やはり三脚に乗せて1000メートルも2000メートルも離れた敵を撃つことがあるので、従来型の強力な弾を使うものが残された。

しかし、歩兵分隊は、分隊に1梃は機関銃を持っていたい。しかし、歩兵分隊で持つ機関銃は歩兵の持つ突撃銃とおなじ弾を使うものでないと不便が生じる。歩兵分隊を離れた所から支援する機関銃は遠距離射撃の性能が必要だろうけれども、歩兵分隊に組み込まれた機関

中国の八一式軽機関銃

シンガポールの軽量 12.7mm 機関銃

旧日本軍の十一年式軽機関銃

銃は、それほど遠距離射撃を必要とするわけでもない。
というわけで、突撃銃とおなじ弾を使う小型軽量な機関銃がつくられることになった。
その最初のものがソ連軍のＲＰＤ機関銃で、重量７・４キロ、従来の機関銃の概念からすると非常に軽い。１００連のベルトを使うが、ひとりで持ち歩くのにベルトがじゃまにならないよう、この１００連ベルトをドラム状弾倉に収納して銃に装着するので、外観上はベルト給弾に見えない。

ＲＰＤはヴェトナムや中東に輸出されて各地の戦場で活躍したが、ソ連軍は一九六〇年代になるとＲＰＤの生産をやめて、ＡＫＭの銃身を長くして二脚を付けて軽機関銃ふうにしたＲＰＫを装備しはじめた。理由は歩兵の突撃銃とおなじ弾を使うといっても、突撃銃に弾を分けてやるときベルトから弾を抜いてやらねばならず、逆に突撃銃から弾をもらえばベルトに挿してやらねばならず、本当に互換性があるとはいえない、ということだったらしい。それでベルトを使うことをやめ、ＲＰＫ軽機関銃にはＡＫの30連弾倉を40連に長くしたものとか、75発ドラム弾倉を使うようになった。

その後、ＡＫが５・４５ミリの小口径弾を使うＡＫ74になったのにともない、ＲＰＫも５・４５ミリのＲＰＫ74になった。

49　八一式軽機関銃

中国はソ連のＡＫ47とＲＰＤをコピー生産して装備していたが、これらの銃は鉄の塊を削りだしてつくる手法で、構造の簡単な設計とはいえ、まだ大量生産には難があった。それでソ連では基本的にはＡＫ47なのだが、鉄板プレスで部品をつくるＡＫＭ突撃銃を装備するようになった。

中国も鉄板プレスの突撃銃に移行しようと考えたが、ＡＫＭそのままのコピーではなく、少し独自色を出した八一式小銃を開発した（AKMのコピーも輸出用には生産したようだが）。八一式はAK47、AKMとおなじ弾を使うのだが、弾倉の受け部が微妙に違い互換性がない。

この八一式小銃の銃身を長くして二脚を付けた中国版RPKが、八一式軽機関銃である。75連のドラム弾倉を使うが、八一式小銃とおなじ30連弾倉も使える。

さて、軽快な機関銃である。私が戦場へ行くとき、AK（あるいは八一式小銃）か、この八一式軽機関銃のどちらを持っていくかと聞かれれば、この八一式軽機だ。

長さ87センチ、重量3・8キロほどの小銃にくらべ、この軽機は長さ102センチ、重さがドラム弾倉付きで5・15キロだが、自衛隊の六四式小銃より3センチちょっと長いだけ、重量も75発分の弾倉の重量を考えれば、六四式よりこちらのほうが軽くなる。反動もAK47より軽くて安定がよい。AK47は弱い弾を撃つにもかかわらず六四式とおなじくらいの反動を感じたが、この八一式は銃身が長めでバランスがよいせいか撃ちやすい。フルオートマチックで肩付け立射でも、抱え撃ちでもコントロールしやすい。思うところに弾が行く。

50　Ｍｉｎｉ.Ｍｉ（ミニミ）

ソ連に対抗して西側諸国も5・56ミリの小型軽量弾薬を使うようになってくると、当然、歩兵分隊用に5・56ミリの機関銃が必要になってくる。その最初のものがベルギーのFN社のMini・Miだった。これはフランス語で機関銃をMitrailleuseというので、「ミニ・ミ

119　MiniMi（ミニミ）

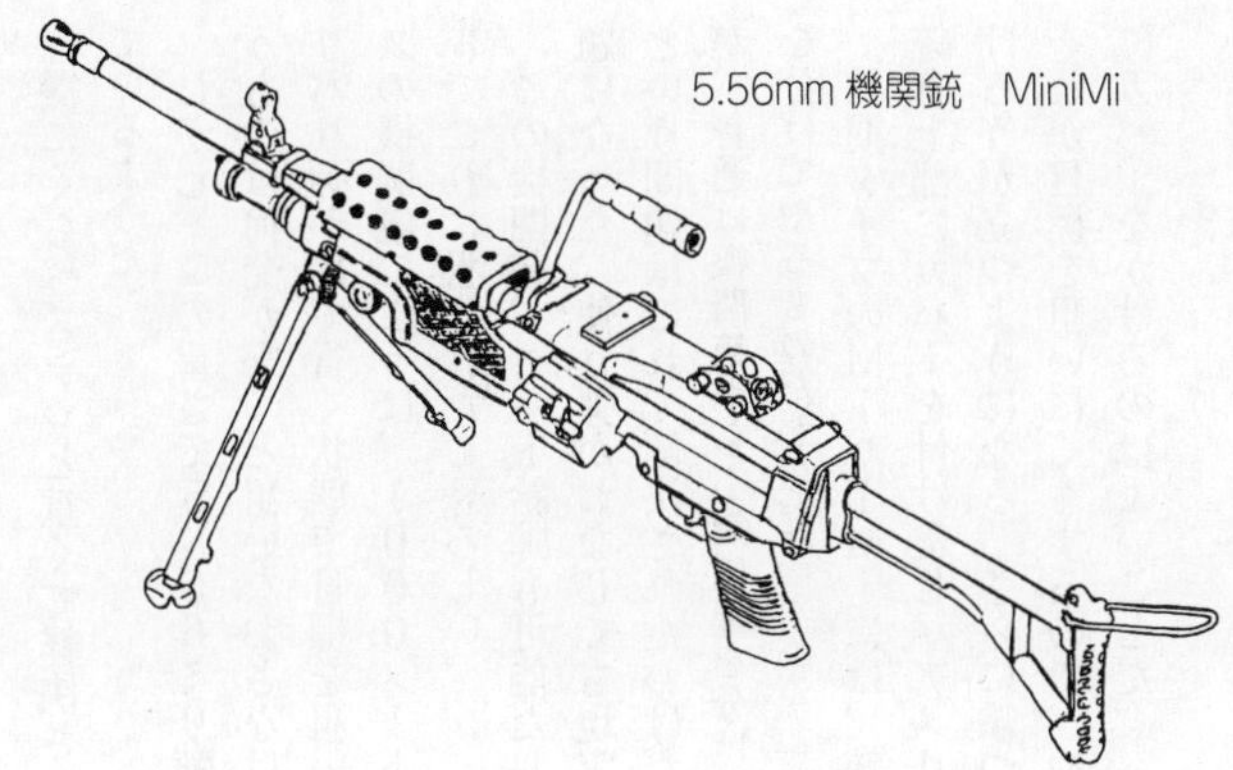
5.56mm 機関銃　MiniMi

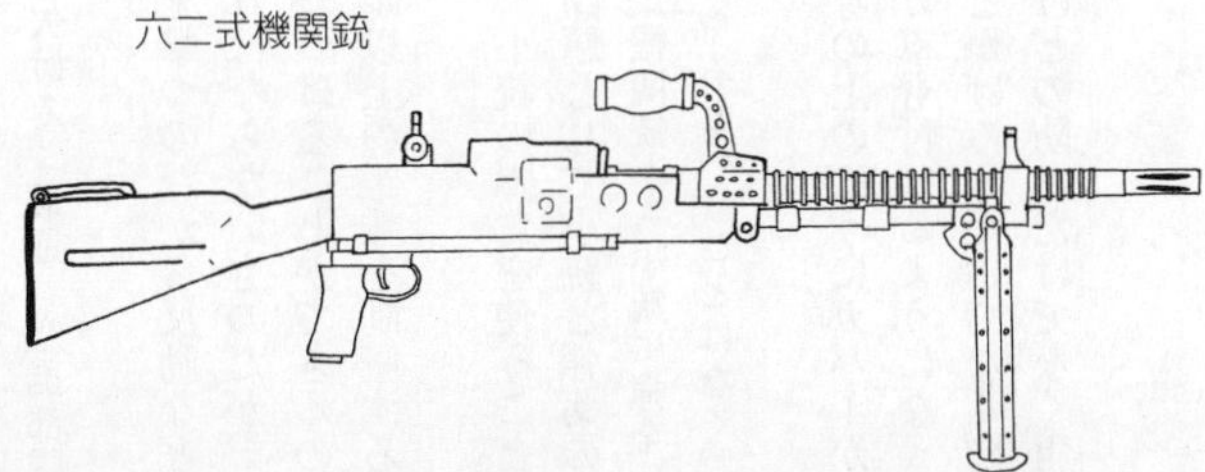
六二式機関銃

トライリューズ」を略した名前である。

その後、いくつかの国が５・５６ミリの機関銃を開発したけれどもＭｉｎｉＭｉほどの成功をおさめることはできず、アメリカ、日本はじめ多くの国がＭｉｎｉＭｉを採用し、５・５６ミリ機関銃のベストセラーになった。ほとんど対抗馬のいない独走状態である。

ただ、筆者の好みからいうと、重量６キロは機関銃としては軽いのは事実なのだが、５キロくらいにならないか、という思いはある。１キロの差であるが、八一軽機にくらべズシっと重くて軽快さに欠ける（最近、空挺部隊用や特殊部隊用に軽いのが出ているようだ）。

しかし、この重さで5・56ミリ弾を撃つのだから反動などないに等しい。軽機関銃というものは何発か撃つと狙いなおさなければならないものだが、この銃は引金を引いたままバリバリ弾が出て行く状態で目標を狙いつづけることができるのだ。従来の7・62ミリクラスの機関銃のように、1000メートル以上の距離を制圧するには難があるが、数百メートルでこれに狙われたら恐ろしい。

この機関銃、ベルト給弾も可能だし、小銃の弾倉を使うこともできる。ソ連のRPDで問題になった、使う弾がおなじでも現実問題として小銃と弾薬の互換性があるとはいえない、という問題はこれで解決されたわけだ（機関銃から小銃に弾を分けてやるときは具合がわるいが、普通は機関銃から小銃に弾を分けてやるということはなく、たいてい小銃から機関銃に弾を分けてやるものだからだ）。

初期タイプのMiniMiには、銃身の上のほうにカバーが装着されていない。自衛隊は銃身上部にカバーを付けたし、アメリカ軍も付けるようになった。銃身はすぐ熱くなり、かげろうが立つようになる。さらに撃つとかげろうだけでなく防錆油も白煙を上げて蒸発する。それが目標を狙いにくくするので、やけどの防止だけでなく狙いやすさのためにも銃身の上にカバーをかけるのはよいことだ。

51　M2重機関銃

アメリカ軍が一九三三年に採用した口径12・7ミリの大きな機関銃である。長さが165センチ、銃身の長さだけで114センチと小銃の全長ほどあり、銃本体の重量が38キロ、三脚もふくめると60キロを超える。あまり大きいので普段はジープに乗せっぱなしということが多いが、状況により人力で運ぶことがある。そのときは銃身を外して、銃身を運ぶ係り（銃身1本の重さ12・7キロ）、機関部を運ぶ係り、三脚を運ぶ係り、弾を運ぶ係りと、大仕事である。

この12・7ミリ実包は、第二次大戦中の歩兵銃用実包にくらべ弾丸の重さも火薬量も5倍、現在の5・56実包ミリにくらべれば10倍以上の強力な弾である。最大射程は6キロにおよぶ。こんな強力な弾で何を撃つのかといえば、もちろん飛行機や車両を撃つ。ヤワな装甲車の鉄板くらい撃ち貫くことができる。

運ぶのは大変だが、撃つのは気分のいい銃である。小銃弾の5倍から10倍も火薬が入っているにしては、そうとんでもないすごい音でもなく、「ドンドンドンドン」と低い地響きのするような音である。

筆者はこれで500メートル離れた地上目標を射撃したことがあるが、三脚をふくめて60キロも重さがあるにもかかわらず、強力な弾なので反動で銃が動く。それで三脚の3本の足の上に土嚢を置いてやるのだが、それでも動き、弾着は数メートルにも散らばった。もっとも、目標がジープやトラックなのだから数メートルに散らばるといっても問題ではない。一連射かければスクラップだ。

当たらないのは対空射撃で、第二次大戦ころのレシプロ機相手でも命中率0・3パーセント、つまり1000発撃って3発しか当たらないといわれている。当時の飛行機を1機撃墜するには、平均1万発必要だったといわれている。実包1発の重さが110グラムほど（普通弾・曳光弾・徹甲弾など弾種によって少し違う）だから、1トン以上の弾を消費してようやく1機撃墜していたわけだ。現代ではヘリコプター以外にはまったく役に立たないだろうが、100メートルくらいの近距離で厚さ25ミリの鉄板を撃ち抜き、500メートルでも18ミリの鉄板を撃ち抜く威力があるから、地上目標に対しては、けっこう効果がある。

設計の古い銃だが信頼性は高い。しかし銃身を着脱するとき、銃身をぐるぐる回してねじ込まねばならないのがめんどうで、それを改良した型のものを生産している国があるのを見て、自衛隊も銃身をぐるぐる回さなくても着脱ができる改良型を国産している。

52　サブマシンガンとは

サブマシンガンというのは、拳銃の弾を使い機関銃のようにフルオートマチックで撃てる銃のことである。拳銃弾を使うからドイツ語では「マシーネン・ピストーレ」といい、ロシア語では「ピストリエット・プレミヨート」という。つまりピストル式機関銃といい、日本語でも「短機関銃」といったり「機関短銃」といったりする。

自衛隊は最近、「機関拳銃」なるものを装備しているが、これはＳＩＧ・Ｐ２２０拳銃の後継機種として予算要求したのでこのように呼ばれているだけで、従来、機関短銃とか短機関銃とか呼ばれていたものと異なる概念の兵器ではない。

サブマシンガンは第一次大戦の塹壕戦から生まれた。機関銃を据え付けた敵陣地は従来の歩兵の攻撃では攻め落とすことはできず、夜襲をかけたり壕を掘って接近したりして、機関銃が威力を発揮できないよう接近戦・乱戦にもちこむことが多くなった。そうなると従来のボルトアクション歩兵銃は不便で、拳銃のほうがまだ役に立った。しかし、拳銃は少し間合いが開くとすぐ役に立たなくなった。そこで短い小銃のような形で拳銃弾をバラ撒けるサブマシンガンが登場することになった。

サブマシンガンは第一次大戦末期に出現したが、本格的に使われるようになったのは第二次大戦からであった。

しかし、サブマシンガンはしょせん拳銃弾を使うので、距離が離れると威力不足で命中精度も低かった。それで歩兵銃がすべてサブマシンガンにとって代わるようなことにはならなかった。歩兵銃は従来の強力な歩兵銃弾と拳銃弾の中間の大きさの弾を使う突撃銃タイプになっていった。

突撃銃が普及するとサブマシンガンはあまり使われなくなったが、消えてしまいもしなかった。なにしろサブマシンガンは安くつくれる。まともな銃メーカーでなくとも町工場でもつくれる。拳銃弾を使うから、とくに小型にしたい場合には突撃銃では不可能なほど小さくつくれる。それに威力が弱いほうがよい場合もある。それは戦場で使うのではなく警察的な用途で市街地で使う場合、突撃銃の弾は犯人の背後の壁も撃ち貫いて、壁のむこうの無関係な人間を傷つけるおそれがある。そんなわけで、軍用よりは警察用にサブマシンガンは生き残っている。

53 ブローバックとオープンボルト

サブマシンガンは非常に安価につくれるので、予想しない大きな戦争が起こって銃の生産が追いつかず、とにかく短時間に大量の銃を生産したい、というようなときには便利なものである。

サブマシンガンが安価に大量生産できる理由は、ブローバックとオープンボルト式の撃発機構にある。銃というものは、遊底（ボルト）で薬莢の底を押さえておかなければならない。でないと弾丸を発射した火薬のガスは薬莢を弾とおなじ勢いで後ろに飛ばして射手の顔に穴をあける。たいていの銃は、銃弾が銃身を離れガス圧が低くなるまで遊底をしっかり固定しておく構造になっている。

ところが小型拳銃やサブマシンガンでは、遊底を固定する機構はなく、遊底はただバネの力で薬莢を前に押し付けているだけである。弾丸が発射した火薬のガスは薬莢を後ろへ飛ばそうとし、薬莢は遊底を後ろへ勢いよく押して、あるていど後退したところで薬莢はエジェクターにぶつかって外へ蹴りだされ、弾倉から新しい弾が上がってくる。そこへ圧縮されたバネが遊底を前へ押し戻し、新しい弾を弾倉から薬室へ送り込む。この遊底を固定する機構がなく、薬莢を吹きもどす力で遊底を動かす方式を「ブローバック」式というのである。威力の弱い拳銃弾だからできることであるが、それでも数百グラムくらいの重い遊底が必要になる。

また、たいていの銃は、遊底が薬莢を薬室に押し込んで閉じた状態から引金を引いて撃針が動いて雷管をたたく（クローズド・ボルト・ファイリング）のであるが、サブマシンガンは引金を引く前には遊底は後退位置にあり、引金を引くと遊底が勢いよく前進して実包を薬室に送り込んだ瞬間、雷管をたたいて発火させる（オープン・ボルト・ファイリング）。

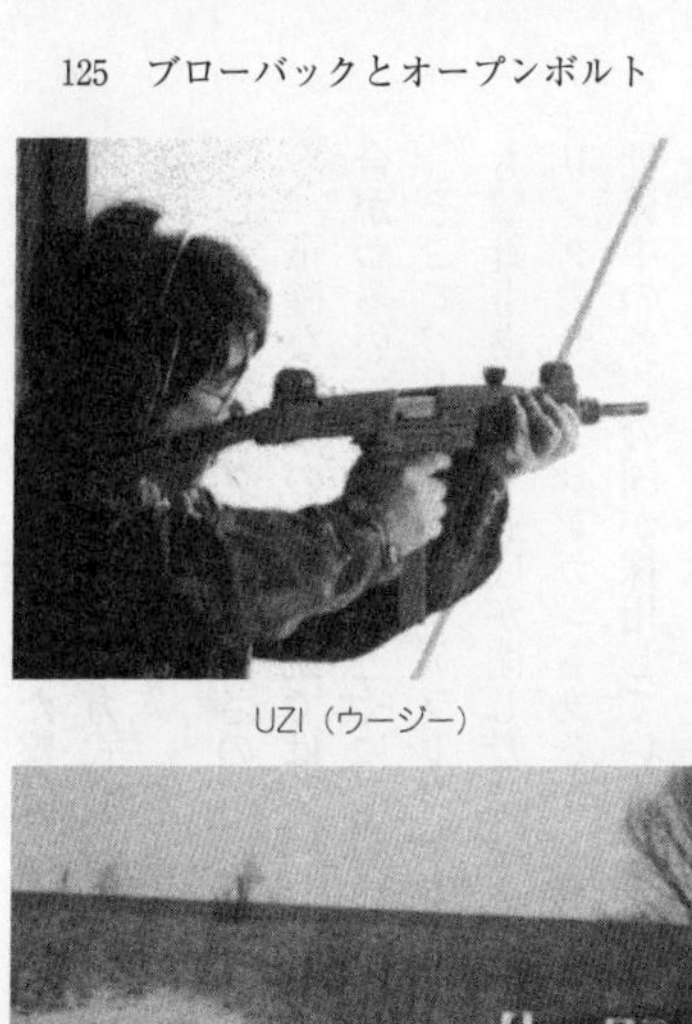

UZI（ウージー）

ソ連のPPS

たいていのサブマシンガン

には撃鉄もなければ独立した撃針もなく、遊底をつくったとき雷管にあたる部分に突起を設けておく、といった単純な方式である。サブマシンガンはこのように単純な構造だから、安価に製造できるのである。

しかし、数百グラムの重さの遊底がガシャーンと前進した瞬間に弾が出るような構造だから、正確な射撃のできる銃ではない。弾丸バラ撒き器である。だが、警察用だとそれでは具合がわるい。犯人のすぐ近くに無関係の人間がいる、という場合がある。

そこで、ドイツのヘッケラーコッホのMP5サブマシンガンのように、小銃のような撃鉄も撃針もあって、遊底が閉じた状態から引金を引いて発射するクローズド・ボルト・ファイリングのサブマシンガンもあるが、例外である。例外といっても警察用には理想的だから、世界中の多くの国が採用している。

54 UZI（ウージー）

イスラエルのサブマシンガンだが、西ドイツ軍がマルダー装甲歩兵戦闘車に搭載し、車内から外を撃つための銃として大量装備、アメリカのシークレットサービスも使っているなど、多くの国で採用された。

グリップのなかに弾倉を入れる方式だから、グリップは太い。筆者のように手の小さい者には太いことは太いけれども、肩付けできる場合は、グリップが握りにくいこともたいした問題ではない。

グリップに弾倉を押し込む、コッキングハンドルを引くと後退位置で止まる。引金を引くと遊底はガシャッと前進してダダダダダと往復、サブマシンガンは遊底を固定しないから反動エネルギーはほとんどすべて遊底を動かすエネルギーとなり、その反動はほとんどすべてバネを圧縮するのに消費されてしまう。

反動を感じるのはバネが押されている力が伝わってきているだけだから、肩で銃を押すようにしていれば、まったく問題のない反動だ。小銃のように硬い反動ではなく、バネが圧縮されているだけの「びょん、びょん」とした反動が1秒間に10回ほど繰り返されるわけで、突撃銃のフルオートよりはるかにコントロールしやすい。近距離でフルオート射撃をするだけなら突撃銃よりサブマシンガンのほうが有利である。

八五式消音短機関銃

トンプソン・サブマシンガン

UZIの魅力はコンパクトさにある。いつ襲撃されるかわからないような危険地帯で車の運転をするような場合、運転席に座ったまま、いつでも撃てるように計器盤の上にでも置いておくには便利だ。

55　八五式サブマシンガン

中国製のこのサブマシンガンは、鉄パイプの溶接でつくったような、じつに簡単な大量生産向きの安っぽい銃だ。UZIの9ミリ・パラより強力な7・62ミリトカレフ弾を使うわりにはコントロールしやすいが、UZIのようなコンパクトさはない。この長さが不満でないならカービンなり突撃銃を持ったほうがいい。

八五式サブマシンガン

ただ、この八五式には消音型がある。消音器を取り付けるのではなく、最初から消音サブマシンガンとしてつくられている。これは完全に発射音を消していて、遊底が往復する「ガシャガシャ」という音がするだけだ。これだけ音が消せれば特殊作戦用にはいいようだが、はたして威力的にはどうなのか？

この消音銃は専用弾を使う。外観寸法的には7・62ミリトカレフ弾なのだが、火薬量を減らしたり弾頭重量を重くしたりして弾速を音速以下に落としているのだ。具体的に弾丸重量や火薬量がどれくらいなのか中国側に教えてもらわなかったが。しかし、口径が7・62ミリで弾速を音速以下に落としたら戦闘用として威力不足になるはずである。まあ、コントロールしやすい銃だから顔面めがけて撃つのかもしれないが。

しかし、いくら完全に発射音を消していてもこの銃、暗視装置とかレーザーサイトとかを付けられるようになっていない。夜間の隠密作戦に使えないというのでは、消音銃の価値も半減であろう。

56　ドラグノフ狙撃銃

第二次大戦ころまで、狙撃銃は一般歩兵のためにつくられた歩兵銃のなかから、よくできたものを選んでスコープを付けたものが用いられていた。

第二次大戦中、アメリカのM1ライフル、ドイツのG43、ソ連のトカレフM1938、1940などの自動銃が使用されはじめると、これらの自動銃にもスコープを付けて狙撃銃とする試みが行なわれた、というより実際に装備されて実戦でかなり使われた。

しかし、自動銃でボルトアクション銃なみの命中精度を出すことは難しい。

もちろん、1梃1梃についていえば自動銃でよくあたるものもあるし、ボルトアクションでも精度のわるいものはある。しかし、全体的にいって自動銃の命中精度はボルトアクションにかなわない。おなじ値段とか、おなじ重さでつくるならば、である。

ドラグノフ狙撃銃

ドラグノフ機関部アップ

なにしろボルトアクションのほうが構造が簡単だから、おなじ重さの銃ならボルトアクションのほうが銃身の肉厚を太くできるし、引金も滑らかに引き落とせる。おなじ値段でつくるなら、ボルトアクションのほうが構造の単純なぶん丁寧な仕事ができる。自動銃は弾丸が銃身を離れる前に銃内部で動く部品がいくつもあるから、その振動が命中精度を低下させる。

一九八〇年代なかば、ドイツは対テロ部隊用の狙撃銃としてオートマチックのＰＳＧ－１をつくった。１梃１００万円ほどする。そして重さは8キロもある。おなじ命中精度のボルトアクション狙撃銃なら30万円くらいで、重さ4キロでつくれる。

狙撃銃は一発必中を狙うものだから、高い金をかけて無理に自動銃にする必要はない。

そういうわけで第二次大戦後も、ほとんどの国はボルトアクションの狙撃銃を使っている。

ところが、ソ連軍は自動の狙撃銃を開発し、一九六三年にドラグノフ狙撃銃を制式化した。

「なんで、こんなものをつくったのだろう?」というのが筆者の感想だ。昔の歩兵銃のように長い。使用する実包の寸法のわりに機関部が長く、弾倉がかなり前にあるため、たいていの銃のように弾倉より前に左手をもっていくことができない。身長が2メートルくらいある大男ならいいかもしれないが、この寸法では筆者には扱いかねる。スコープをふくめても重量4・3キロで六四式小銃より軽いくらいなのだが、長いためにひどく先重りのバランスになり安定しない。

「狙撃兵型座り撃ち」と筆者が勝手に呼んでいる、左手で銃を持たないで、左膝の上に左肘を曲げて置き、その上に銃をのせるという構え方だとなんとか安定するものの、それでもどうもバランスがわるい。

まあしかし、狙撃銃は手で構えて撃つのはやむを得ない場合だけで、極力、土嚢などに委託して撃つものだ。

スコープのレティクルは十字ではなく逆V字の上に目標をのせる方式。距離に応じて狙点を変えられるように補助目盛が付いている。4倍という倍率は、「実用上これくらいがいいのだ」という人もいるが、ふだんもっと倍率の大きなスコープに慣れている筆者にはもの足りない。

引金は、一応、狙撃銃といっているだけあって滑らかだ。引金の感触だけは六四式よりずっといい。しかし、自動銃にしては反動が強い。この弾は帝政ロシア時代以来、ソ連/ロシアの歩兵銃や機関銃に使われつづけてきた7・62×54Rだが、これとほぼおなじ威力の3

0―06実包を使うブローニングの狩猟用自動ライフル(BAR)のほうがまだ反動が軽いぞ。

狙撃銃というわりには命中精度もわるい。狩猟用BARくらいのもので、狙撃銃というようなものではない。たしかに300メートル離れた敵の頭に命中させることはどうにかできるが、これだったら狩猟用BARのほうが扱いやすいからいい、というのが筆者の感想だ。ロシア軍、セミオートマチックの軽い狙撃銃が欲しければ、狩猟用BARを買って使いな。

57 狩猟用BAR

第一次大戦から朝鮮戦争ころまで、アメリカ軍がブローニング・オートマチック・ライフルを略してBARという、小銃と機関銃の中間的性格の分隊支援火器を使っていた。そのころは機関銃がゴツくて重いものだったから、歩兵分隊とともに身軽に移動できる、機関銃みたいなものとして重宝していた。

そのBARは半世紀ちかく昔に姿を消し、もうどこの軍隊でも使っていないようだが、今日、ハンティング用自動ライフルとしてBARなる商品が売られている。

この狩猟用BAR、その外観は昔の軍用BARのおもかげがなくもないが、内部メカはかなり違うので軍用BARの進化したもの、とはいえないであろう、全く別の銃だ。

このBARは軽量で命中精度も信頼性も高く、ハンターの間に絶大な信頼を得ている。

スコープなしの銃本体重量3・6キロ、全長はマズルブレーキ付きのもので110センチ、口径は各種のものが製造されているが、30―06や308のものが多く売れている。

命中精度は自動銃としては優秀で、100メートルで3センチあまり、300メートルで10センチほどにまとまる。これは第二次大戦中ならりっぱに狙撃銃がつとまる。自動の狙撃銃が欲しければ、ドラグノフなどよりこのほうがよほどよい。構えたバランスのよさなど比較にならないほどBARのほうがよい。

効果的なマズルブレーキのおかげで反動もドラグノフより断然軽い（六四式よりは強い）。弾倉には4発しか入らないが、それが不満でも長い弾倉を付けるということはできない。この銃の弾倉は少々変わっていて、機関部底の蓋を開いて弾倉を入れ、蓋を閉めるという方式だからだ。しかし、狙撃用なら弾倉容量が少なくても問題ではないだろう。

なるほど、ヘッケラーコッホのPSG-1なら100メートルで2センチ、300メートルで6センチほどにはまとまるが、重さが8キロもある。あなたは、どちらを持って歩きたいか？

58　ウインチェスターM70

筆者の愛用しているボルトアクション・ハンティングライフル、ウインチェスターM70のプレ64である。

「プレ64」というのは一九六四年以前に生産されたもののことで、この数十年も昔につくられた銃が新品より高く取引されている。

どこがそんなによいのかというと、「いま、こんなことをしていたら採算が合わない」というようなつくり方をした昔の職人仕事の製品だからである。

この銃はボルトと、横に突き出しているボルトハンドルが、ひとつの鉄の塊から削り出されてつくられている。レミントンM700などはボルトの頭と胴体、ボルトハンドルは別々につくってロウ付けしているというのにである。

これはアラスカのような酷寒の地で銃が凍りついて動かないようなとき、ボルトを蹴とばしてでも石で叩いてでも動かせるということだ。ロウ付けのレミントンだって、そうヤワではないが、意外に少々叩いてもボルトハンドルが取れたりしないのだが、「取れた」という人の話もあって、一抹の不安が残る。

薬莢を引き出すエキストラクターも、薬莢を外へはじき出すエジェクターも、ウインチェスターM70プレ64は、しっかりしたつくりで信頼性が高い。

しかし、よいものをつくるということと商売として成功することとは別で、銃は売れているにもかかわらずウインチェスターは赤字であった。そこで一九六四年、機械で大量生産しやすい構造にモデルチェンジした「ニューモデルM70」に切りかえた。

ところが、ハンターたちは安っぽく見えるニューモデルに、「これがM70だとよ」と見向きもしてくれなくなった。

そのころレミントンがM７００を発売、こちらはコストダウンを考えた設計で高級感はないながらも、値段と品質のバランスがとれ、命中精度は申し分なくよかったので、ユーザーはレミントンのほうへ流れていった。アメリカ軍も狙撃銃としてM70を採用していたのだが、ニューモデル70は採用してくれず、レミントンM７００を採用するようになった。

また、第二次大戦で負けたドイツから戦利品として持ち帰ったモーゼル98のほうがプレ64みたいにしっかりした銃だったから、これを改造してハンティングライフルにする人も多かった。

ウインチェスター M70。プレ 64、口径 270

AR-15 スナイパーモデル。口径 6 mm × 45

やがてハンターたちが、「昔のM70は、あれはよかったぜ」といって一九六四年以前につくられたM70を捜し求めるようになり、プレ64はプレミアム価格で取引されるようになっていった。

というわけで、筆者が毎年、北海道へハンティングに行くときの銃はプレ64である。

しかしこの銃、引金の引き落としの感触などはじつによいのだが、意外と命中精度がよくない。昔の銃の銃身には出来、不出来のバラツキがあって、もっとよくあたるものもあるはずだ。もっと精度がよくないとアメリカ軍が狙撃銃として採用したはずがない。

しかし、筆者の銃は100メートルで3センチなんてとても無理、5センチがいいところだ。命中精度からいえば、レミントンM700にかなわないし、その他のメーカーの製品でもいまどきの銃はもっと精度がよい。

それでも筆者は、この銃で100メートルの距離の立射で、たて続けに2頭の鹿の首へ撃ち込んで即死で倒した。100メートルで5センチに入れば実用上、問題はないということだ。

「レミントンより値段は高いが、プレミアム価格で古いプレ64を買うくらいならサコーのM75でも買ったほうが命中精度はいいし、信頼性においてプレ64に遜色はないし、新品だぜ、ボルトの操作性なんてサコーのほうがいい」と、いう意見もあろう。そのとおりだと思う。

しかし、プレ64は、「ライフルマンのライフル」と呼ばれ、すでにひとつの伝説になっているので、サコーの銃よりはプレ64を持っているほうがステータスなのである。

射撃場でサコーやウェザビーの銃を持っていれば、「いい銃をお持ちですな」だが、プレ64を持っていれば、「ほう！」だから。

しかし、サコーやレミントンのほうが、あたる。

59　レミントンM700

一九六二年、レミントン社はM700ボルトアクション・ライフルを発売した。これはライバルのウインチェスター社の人気商品M70の対抗馬としてつくられたものだった。外観はよく似ており、命中精度はM70より高く、製造工程の合理化によってM70より安くつくることができた。

サコーM75

レミントンM700。木製ストックとプラスチック・ストック

一九六四年以降、M70がコストダウンのためニューモデル70にモデルチェンジされて安っぽくなってしまうと、M70はすっかり人気がなくなり、レミントンM700の独走状態になった。

アメリカ製ボルトアクション銃は、ほかにもいろいろ、安物も高級品もあるが、M700がアメリカのボルトアクション・ライフルの代表格になった。そして、口径も銃身の太さも銃床の形状や表面仕上げも、さまざまなタイプのものがつくられるようになり、軍や警察の狙撃銃にも採用された。

海兵隊のM40狙撃銃とか陸軍のM24狙撃銃といっても、市販のヘビーバレル（銃身の肉が厚い）のハンティング銃とほとんどかわらない。市販のM700をちょっとカスタムすれば、おなじようなものがつくれる。

引金の感触はすばらしくいい。100メートルの距離で2センチほどにまとまり、300メートルで7センチほどのグルーピングにまとめられる。ならば600メートルでは15センチかというと、そのあたりからはもっと散らばりだし、20センチほどになり、1000メートルになれば60センチ以上になってくる。現実には風も吹き、距離の読み違いも起き、気温の違いによる弾速の差さえも無視できない。

どんなに精度のよい銃を使っても、本当に1000メートルもの距離で人の大きさの的に的中させるのは至難の業である。

だいたい日本には、1000メートル撃てる射撃場なんて存在しない。300メートル射場が数ヵ所あるだけなのだ。1000メートル射撃をやろうと思えば、北海道へ鹿狩りに行ってやるしかない。

でも、いるんだよなー、ちらほら、鹿を相手にロングレンジ・スナイピングの訓練をしている人が。

M700はエキストラクターの強度に難がある、エジェクターの信頼性がいまいち不安だ、ボルトハンドルがロウ付けだから不安だといった指摘があるが、実際上、そうした心配が現実になることはまずないので、軍もこれを改良しなければならないとは考えていないようだ。

60 AR-15スナイパー

昔、歩兵銃がボルトアクション銃であった時代には、歩兵銃のなかから精度のよいものを選んで狙撃銃にしていた。しかし、歩兵銃が自動銃になり、さらに突撃銃に変わっていくと、それを狙撃銃に利用することには無理があって、一般歩兵の銃とは、まったく別の狙撃銃が装備されるようになった。

漫画の「ゴルゴ13」では、しばしばM16で狙撃が行なわれている。しかし、アメリカ軍のみならず、どこの軍隊でもこの種の軽量自動小銃を狙撃銃として使うことはない。弾が軽すぎて、300メートル以上の距離になると風に流されやすく、さらに遠くなると威力不足になってくる。遠距離狙撃には、やはりあるていど重い弾を使わなくてはならないのだ。

ところが、警察には、M16を……M16は軍制式番号だから、おなじ物を民間人が猟銃として持っていたり警察が装備しているのは商品名AR-15というのが正しいのだが、これを狙撃銃として使っている例がある。

自動銃はボルトアクションより精度が劣る、といってもAR-15は比較的、命中精度のよい銃である。命中精度重視でヘビーバレル（太い・重い銃身）を付けたものは、意外やよくある。

300メートル以上の距離になると精度も威力も低下する、といっても、警察の狙撃手は300メートル以上も離れて撃つことはない。軍の狙撃兵は1000メートルもの距離で狙撃することがある反面、敵兵を倒せればよい。ところが警察の狙撃手は、人質を抱えている犯人の脳幹を撃ち貫かねばならない。距離は近いが、数センチの誤差しか許されない。近距離精密射撃、これが警察や対テロ作戦で要求される狙撃だ。

そうなるとAR-15にヘビーバレルを付けたようなものに出番がある。

自動銃は命中精度がわるいといっても、100メートルで3センチ以内に撃ち込めるなら、人質の後ろから顔を半分だけ出している犯人の頭に命中させることもできる。そして万にひとつ、それで犯人が即死しなかったら、その狙撃は失敗といえば失敗だが、その失敗を最小限に押さえ込むため即座に第2弾を送り込んで犯人を仕留めねばならない。そこでボルトアクションより自動銃が有利になる。

そういうわけで、アメリカの警察の一部にはM16（AR-15）ヘビーバレルの狙撃銃があるそうだ。

さて、ここにあるAR-15、一見どこにでもあるAR-15だが、口径5・56ミリではなく6ミリだ。223レミントン薬莢を口だけ広げて6ミリにしたものだ。

米軍の5・56ミリ実包は当初、弾頭重量55グレイン（3・52グラム）のM193であったが、いくらかでも遠射性能を向上させるべく、現在、弾頭重量61グレイン（3・9グラム）のM855実包になっている。これを口径6ミリに広げて70グレイン（4・48グラム）の弾頭を付けたのが、この6×45だ。

弾頭が重くなったぶん、微妙に反動も大きくなってはいるのだが、銃身がヘビーバレルなので一般歩兵のM16より反動による銃の動きは少ない。そして風の影響も少なくなっている。スコープは6～24倍ズーム。100メートルで自分の銃で標的にあけた穴が見える。標的が人ならば目玉どころか瞳が見える。引金は精密射撃用の引金セットをつくっているカスタム部品メーカーのジュエルのものに交換してある。

標的を狙う。100メートル離れた標的を数ミリの誤差で狙う。人間の体は生きている以上、静止しない。引金を引こうとすると、数ミリ照準がずれる。狙いなおす。引金を引こうとすると、また照準がズレる。しかし、射撃訓練をかさねてゆくうちにそのブレはだんだん小さくなってゆき、微妙にズレているときに引金を引きはじめ、引き落とした瞬間に誤差が最小になっている。

7・62ミリ弾の半分くらいの銃声がして、反動で銃がわずかに動く。

たいていの銃は反動で銃が跳ね上がり、命中の瞬間の標的を射手自身がスコープを通して見ることはできない。命中を確認してくれるのは観測手だ。

だが、この銃は反動で跳ね上がらない。スコープのなかでターゲットから赤い液体が飛び散るのが見える。

いや、ターゲットはスイカだったのだよ、ほんと。

61　競技用ライフル

競技用ライフルは純然たるスポーツ用品だが、火薬を使って弾を飛ばすのだから、その弾は当然、人を殺せるだけのパワーがある。競技用だから紙の標的に穴があけばいいだけなのだが、300メートル競技ならば、300メートルむこうの標的まで正確に弾を送り込まねばならない。気温や湿度や風の変化があっても影響を受けにくくしようと思えば、あるていどの重さの弾丸をかなり高速で発射しなければならない。となると、その弾は軍用ライフル実包とかわらないパワーのものになる。そして、オリンピックで優勝できる精度を持っていなければならない。ということは、競技用ライフルは究極の狙撃銃ということになるのではないか。

事実、ヨーロッパでは狙撃銃を開発するとき競技用ライフルをベースにして設計する。アメリカでは狩猟用ライフルをベースにして設計するが、それは、そもそもアメリカには競技用ライフルのメーカーが存在しないからだ。アメリカの選手も競技銃はドイツやスイスやオーストリアの製品を使っているのだ。

しかし、競技用ライフルがそのまま狙撃銃になるかというと、競技銃は競技だけのために特殊な進化をしたものだから、そのままでは使いにくい面がある。そもそも安全装置がない、というような銃が多い。競技用にはそれでいいのだ。銃を標的に向けてはじめて弾を込めるのだ。安全装置なんて必要ないのだ。競技の選手は、たとえ安全装置のある銃でも、それを使ったことはない、という人がほとんどである。

筆者も、ハンティングライフルでさえ、射撃場のなかで安全装置をかけたことがない。安全のためには発射直前まで弾を込めないことが一番であり、標的に銃を向けてから弾を込めれば「安全装置」なる名前の不安全装置の出る幕などないわけだ。

また、競技銃は弾倉のないものが多い。1発撃っては1発弾を込める。銃身を加熱させないためにも、射撃のリズムというかテンポというか、その点からも単発で撃っているほうがいいのだ。ただバイアスロン競技には弾倉があるほうが有利だが。

競技銃は、選手が射座につくまでケースに入れて運搬され、競技が開始されたら立射、膝射、伏射の3姿勢でぴったり射撃姿勢がきまりさえすれば、どんなに持ち運びにくい形でもいい。まあ、競技規則で定められた寸法形状を逸脱するわけにはいかないが。

実際、競技用ライフルの形を見よ、これを持って戦場で行動する、いかにも持ち歩きにくそうだ。

しかし、もともと持ち歩きにくい12・7ミリ対物狙撃銃などは、なんと競技銃に似ていることか。

12・7ミリでなくとも、アメリカ海兵隊のM40狙撃銃だって初期のものはハンティングライフルっぽかったが、いまのM40A3なんて競技用スタンダードライフルって形になってきているぞ。

62 散弾銃とは

散弾銃は飛んでいる鳥を撃つための銃で、ひとつの薬莢に粟粒のように小さな弾丸（散弾）が数十から数百個も詰められている。

散弾の粒の大きさは、1ミリあまりの小さなものから直径8ミリあまりの大きなものまで、いろいろある。スズメのような小さな鳥は1・5ミリあまりの小さな散弾を用い、ハトくらいなら2・5ミリくらい、カモくらいなら3ミリ前後のものを用いる。4ミリとか5ミリくらいのものは鳥ではなくキツネなどを撃ち、8ミリくらいあるものはイノシシ、あるいは対人戦闘に用いる。

1個の薬莢に小さな散弾は数百個とか、たくさん詰めることができるが、大粒の散弾は数十、イノシシを撃つような大きな粒なら6個とか9個とかいった数になる。

散弾銃は、数十とか数百個の散弾が飛び出すのだから、狙いがいいかげんでも命中するだろうと思うと、これが意外に難しい。距離が近すぎるとほとんど広がっていないから、よほど狙いが正確でないとあたらない。距離が遠すぎると広がりすぎて網が粗くなり、鳥は散弾粒に包まれてはいるのだけれども、1粒もあたっていない、というようなことになる。また、散弾は空気抵抗で意外にすぐ威力が低下するので、ちょっと遠いともう十分な殺傷エネルギーを持っていないことになる。

散弾装弾

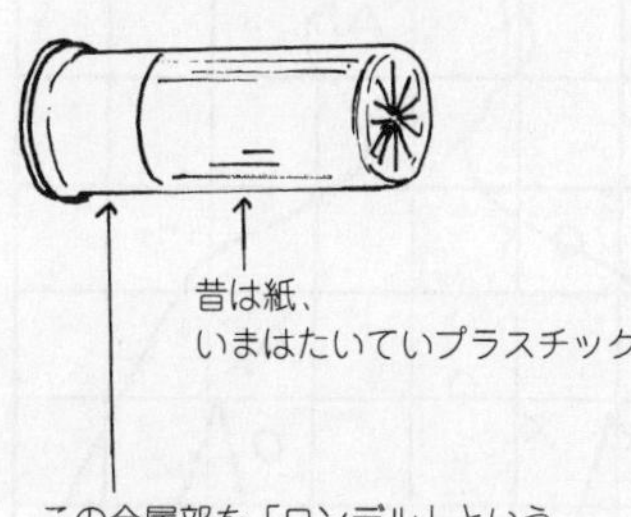

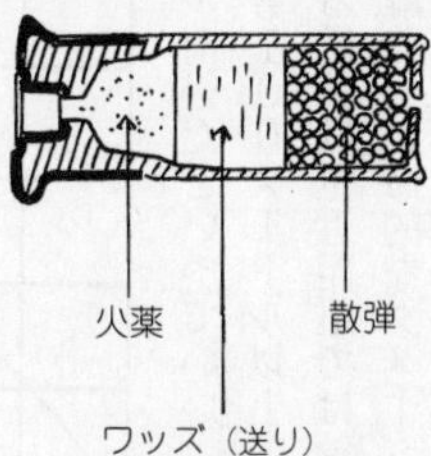

散弾銃身とチョーク

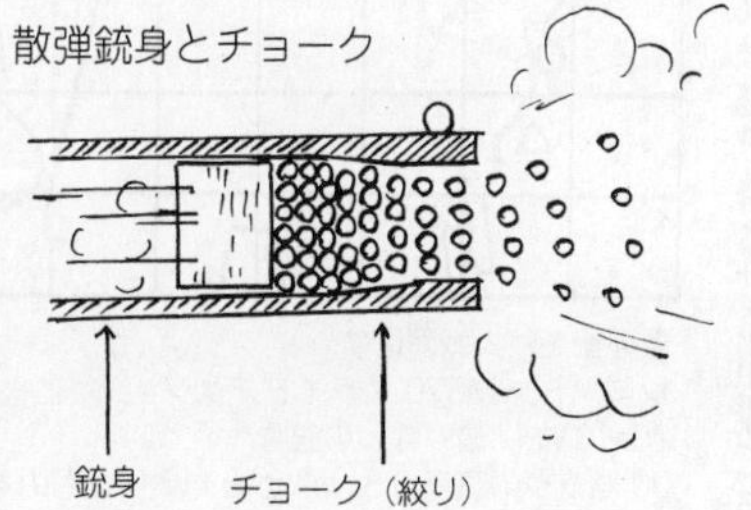

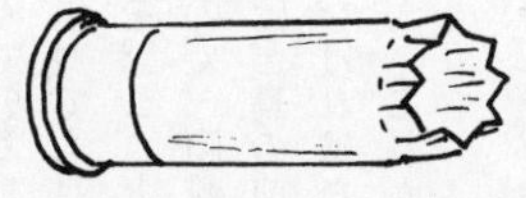

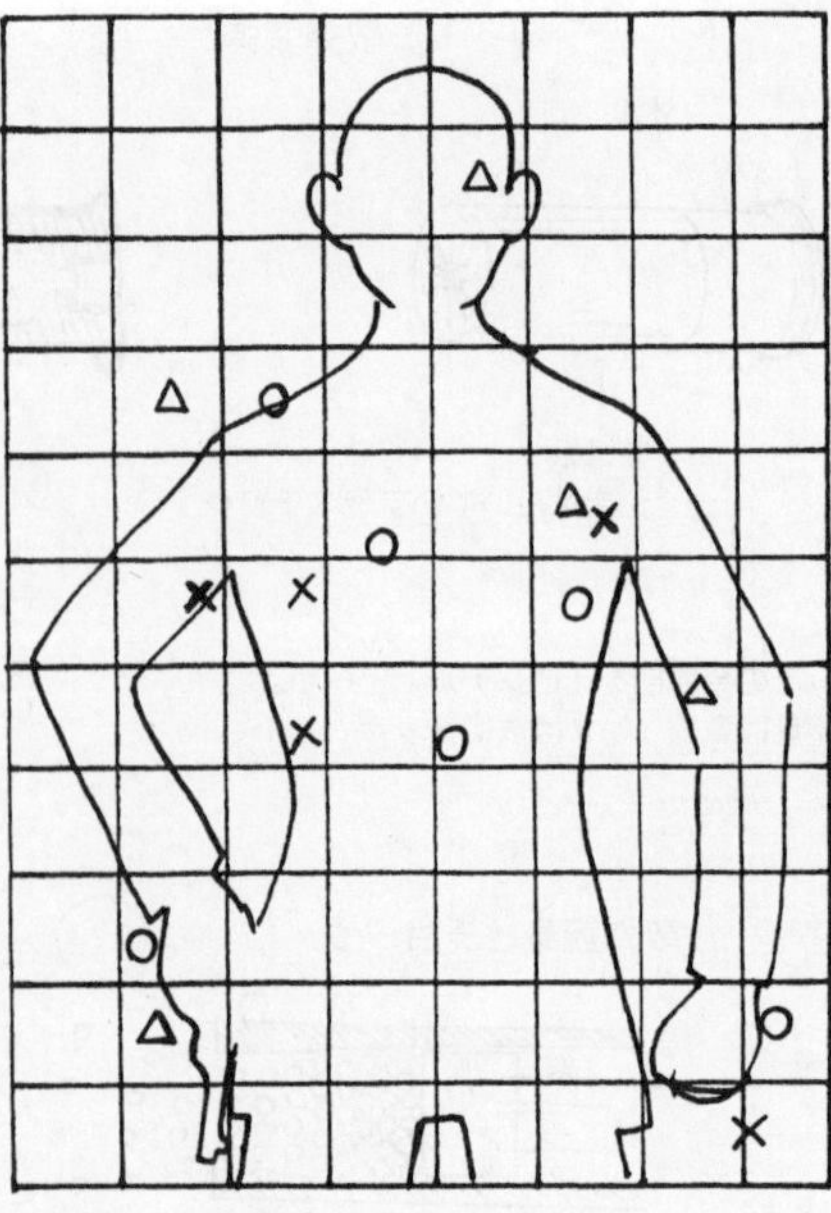

散弾銃を対人戦闘に使う
レミントンM870スライドアクション、口径12番、20インチ、絞りなしの銃身
00バック（直径8.3mm）が9粒入ったものを射撃
○＝1発め　×＝2発め　△＝3発め

それに、散弾は速度が遅いから、飛んでいる鳥を直接狙っても鳥の後ろを撃つことになるので、距離が遠いほど鳥の前を撃たなければならないが、これが難しい。

それで、おおざっぱにいって散弾銃の有効射程は40メートル前後だといっていい。もちろんそれは鳥を落とせる距離であって、小さな散弾の流れ弾でも100メートル以上離れて人の皮膚を突き破る力は残っている。猪を撃つ8ミリ前後もある散弾は至近距離では鉄兜を撃ち貫く威力があり、人にあたれば、100メートル以上の距離でも致命的なダメージを受ける。

散弾銃の口径は何ミリとか、0・何インチといった寸法でなく、12番とか20番という表わし方をする。12番というのは、その口径に合う鉛のボール12個の重さが1ポンド、20番というのは、その口径に合う鉛のボール20個で1ポンドになる寸法だ。だから、この数字が大きいほど口径は小さい。1番なら37ミリ、12番なら18・5ミリ、20番なら16ミリであるが、微妙な数値はメーカーによって異なるし、銃身の端から端までおなじ内径ではないのであるが、百分の何ミリの話だ。

一般に猟銃として製造販売されている散弾銃の大多数は12番であるが、20番もあるていど普及している。410番というのがあって、これはじつは口径0・41インチであって、410分の1ポンドの鉛弾を使うわけではない。例外的な口径だが、たまに見る。16番や28番はめったに見ることがなく、その他いろいろな口径が存在することになってはいるが、世の中に何梃あるかというようなもので、実際上、存在しないに等しい。

おなじ口径で薬莢の長さが何種類かあり、薬莢が長いほど散弾もたくさん詰められるわけだが、短い薬莢専用にできている銃に長い薬莢を使うわけにはいかない（長い薬莢は物理的に入らないのなら間違いがないのだが、入る。危険だ、注意！）。

63　散弾銃のチョーク

散弾銃の銃身にはふつう、散弾の散開（「パターン」という）を調整するため、「絞り（「チョーク」という）」が設けられている。銃口を絞っているといっても、0・何ミリかのこと

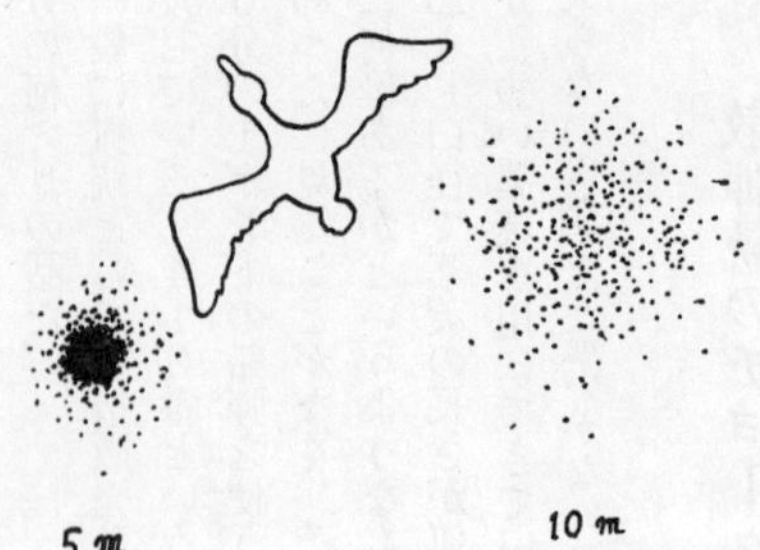

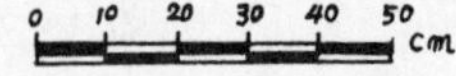

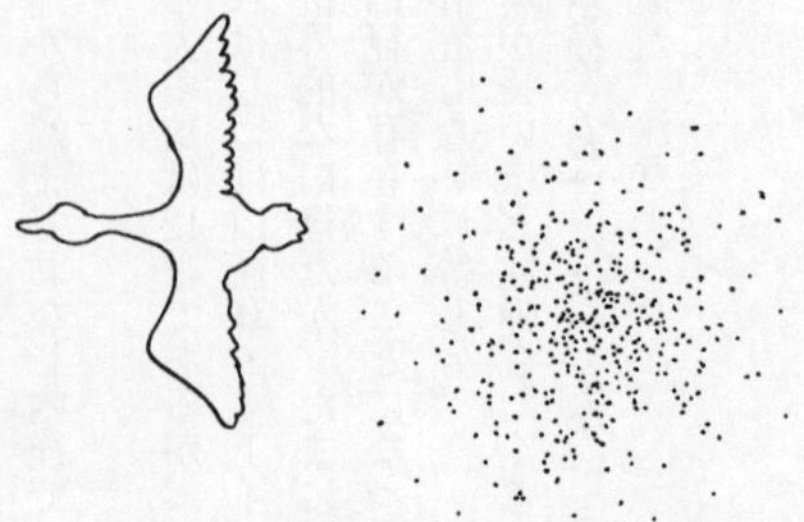

フル・チョーク銃身からの
5m、10m、20mにおけるパターン

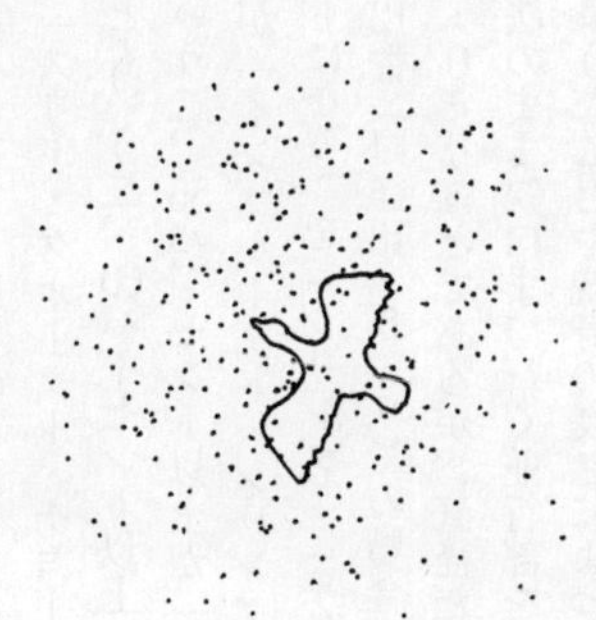

7-1/2号、32グラム装弾、
インプルーブド・シリンダー、36mでのパターン

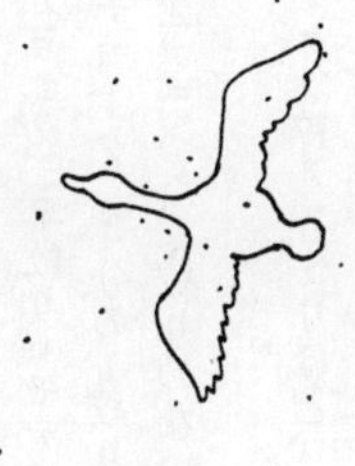

1号、32グラム装弾、フルチョーク、50mでのパターン

である。

絞りの強さは銃口をどれだけ絞っているかの寸法ではなく、40ヤード（36・6メートル）の距離で直径76センチの円に散弾の何パーセントが入ったかで表わされる。散弾の散開直径で表わさないのは、多数の散弾のなかにはごくわずかだが、かなり枠から離れて飛んでいるものがあり、そうしたものをすべて入れた直径で表わすのは不適当だからだ。

70パーセント以上のパターンを出すのが「フル・チョーク（全絞り）」、65パーセント以上が「スリー・クオーター・チョーク（4分の3絞り＝インプルーブド・モデファイド・チョークともいう）」、60パーセント以上が「ハーフ・チョーク（半絞り＝モデファイド・チョークともいう）」、55パーセント以上が「クオーター・チョーク（4分の1絞り）」、50パーセント以上が「インプルーブド・シリンダー（改良平筒）」、まったく絞りのないもの（ほぼ40パーセントになる）を「シリンダー（平筒）」という。

12番（口径18・5ミリ）の場合、フル・チョークは17・5ミリほど、ハーフ・チョークで18・0ミリほどであるが、直径だけでなくどれくらいの長さで絞るのか、絞ったあと、その寸法のまま銃口まで行く並行部を設けるのか、絞り終わったところが銃口になるのか、というようなことや銃身の長さによっても微妙に違うので、チョークの強さは寸法ではなく実際に撃ったパターンの結果で表わしている。

しかしそのパターンも、異なるメーカーの弾を使ったり、異なる大きさの散弾を使うとまた微妙に違ったりするものである。

強く絞っていればパターンが密であり、遠射に有利である。しかし、散弾銃で遠射といっても45メートルくらいのこと、近距離といっても25メートルくらいのことである。カモなどの水鳥は遠射が多いのでフル・チョークなど強めのチョーク、キジやハト猟は比較的に近距離なので2分の1絞りや改良平筒が用いられる。

「カモ猟を念頭にフルチョークの銃を買ったが、キジ猟に行くことになった」とか、「カモ猟なのだが、いい場所を見つけて、そこからだと近くで撃て、4分の1絞りくらいの緩いチョークのほうが有利だ」という、当初の計画と異なる状況になる場合がある。そういう場合、もう1梃銃を買うとか銃身を交換するというのも不経済なので、ネジ込み式の交換チョークというものもある。

何万発撃っても、鉛の散弾を使うかぎりチョークが広がってしまうとか摩耗するとかいうことはない。ただ最近は、環境問題から鉛の散弾を水鳥に対して使うことに制限が出てきて、鉄の散弾が登場したが、鉄の散弾だと数を撃っているうちにチョークが広がってくる。それではは銃身がもったいないので、この問題もあって最近の銃はネジ込み式の交換チョークが主流である。

64　クレー射撃

クレー射撃には「トラップ射撃」と「スキート射撃」がある。

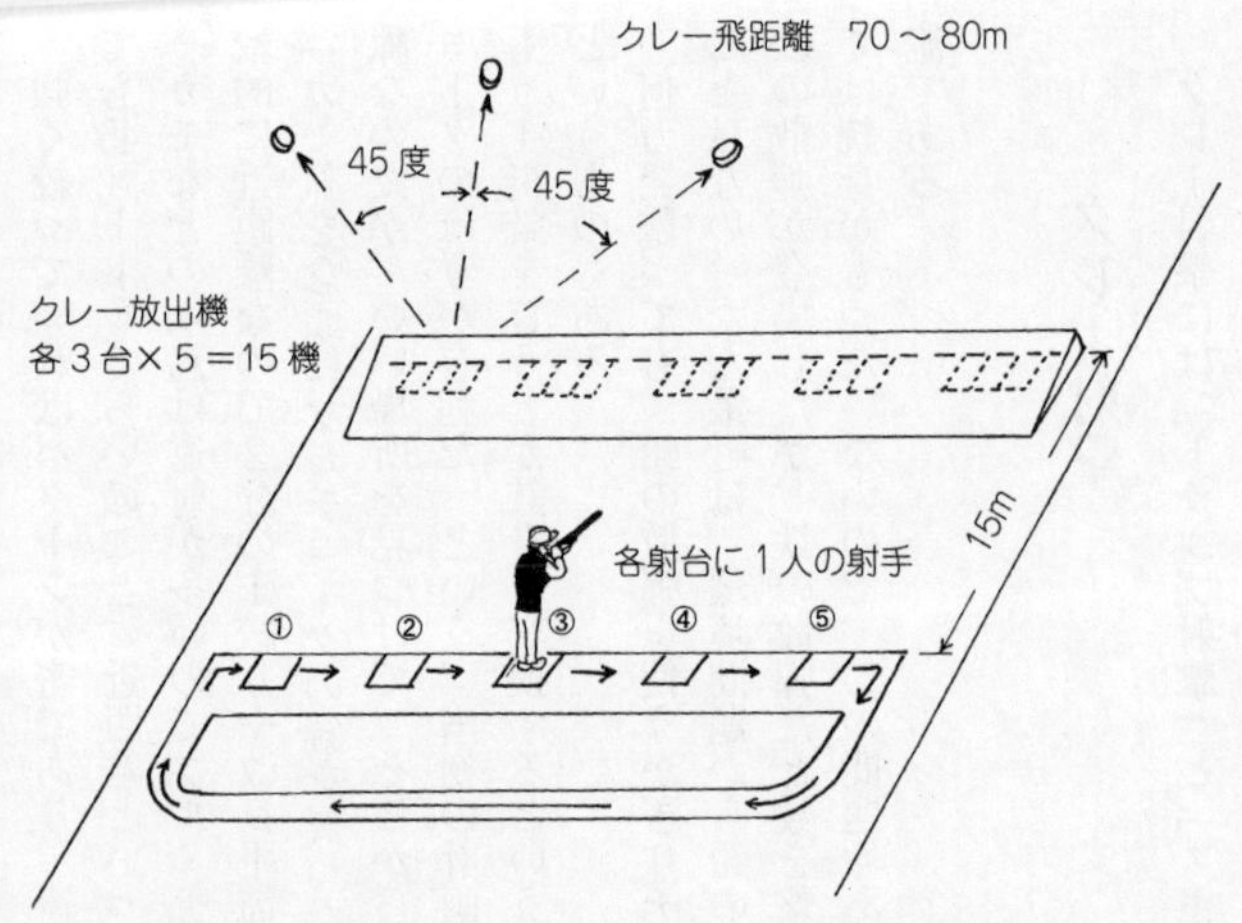

トラップ射撃
クレーとの距離は遠い。左右45度の範囲でクレーがどう飛び出すかは予測できないが、逃げていくのを撃つ。狩猟の練習としてはカモ猟にちかい

トラップ射撃というのは、P.152の図のように5人分の射台があり、5人の射手が横一列に並ぶ。6人いる場合もあり、その場合、6番射手は1番の後ろで待機している。各射台には射手の声をひろうマイクがあり、銃を構え「ハーイ」でも「オウ」でも何でもよい声をかける（「コールする」という）と、前方15メートルからクレー（石灰とピッチでつくられた割れやすい皿・直径11センチ）が飛び出す。まっすぐ前方へ飛び出すか、右前方へ飛び出すか、左前方へ飛び出すかはわからない。これを撃つ。1発め（「初矢」という）で割れなければ、2発め（「二の矢」という）を撃ってもよい。

そして、1番から順に全員が撃ち

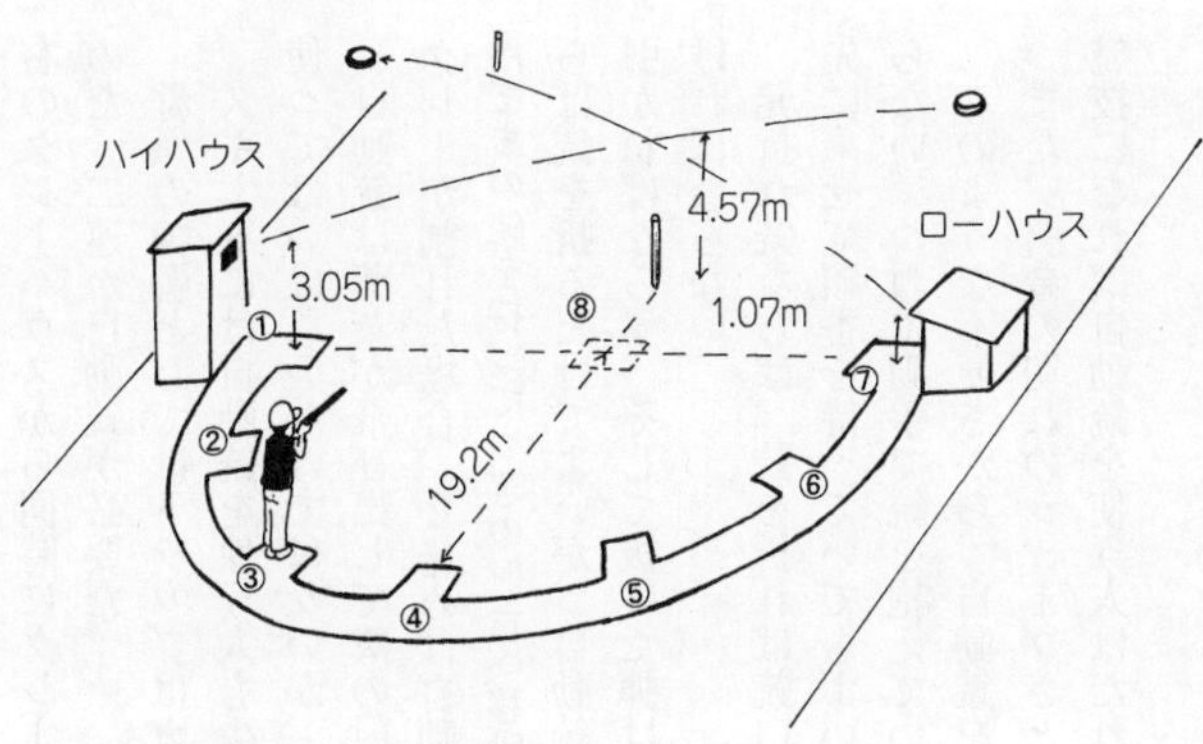

スキート射撃

終わると1番の人は2番射台へ、2番の人は3番射台へと移動して、また左の人から順に射撃する。こうして1番射台から5番射台までを5回、25枚のクレーを撃つのが1ラウンドになっている。

スキート射撃というのは、射台はP.153の図のように半円形に配置され、クレーは右の「ロー・ハウス」（高さ一メートルにクレーの放出口がある）と左の「ハイ・ハウス」（高さ三メートルにクレーの放出口がある）から放出される。クレーの飛び出す方向は一定で、射手が半円形の射台を移動することにより射手とクレーの角度が変化するが、トラップと異なりクレーがどう飛ぶかはわかっている。射手は各射台に配置されるのではなく、一団になって射台をひとつひとつ回る。

クレー25枚セットで1ラウンドというのはトラップと同じだが、トラップが1発で命中しなければ2発目を撃てるのと異なり、スキートはクレー1枚に弾1発であるから、弾もきっちり25発。しかし、左右のクレーハウスから同時にクレーが飛び出すのを撃つというのがあるので、単発銃ではだめだ。二連か自動銃が必要だ。

狩猟の練習としてはトラップはカモ猟、スキートはキジやハト猟に近い。スキートには自動銃を使う人も少しはいるが、トラップで自動銃を使う人はまずいない。使ってはいけないわけではないが、使いにくいからである。

自動銃は薬莢が飛び出して隣の射手のほうへ飛んでいくという問題がある。また、1発でクレーが割れた場合、2発めは自動装填されているから、弾を抜かねばならない（弾の入ったままの銃を持ってつぎの射台へ移動してはならない、つまり歩いてはならない）。元折れ銃ならば銃を折るだけでよいが、自動銃から弾を抜くには「ガシャッ」とコッキングハンドルを引かねばならず、そして抜けた弾は地面へ落ちて、ひろわねばならず、不恰好な動作をしなければならない。

元折れ銃ならば、銃を折れば銃口は射台に設置してあるゴム板に付けたり自分の靴のつま先に乗せて順番を待っていてもよい。しかし、自動銃の銃口は常に前方へ向けておかねばならない。つねに両手で銃を抱えていなければならないわけである。

このような不便さから、自動銃をクレー射撃、とくにトラップ射撃に使う人はまずいない。また、引金の切れのシャープさという点では自動銃より元折銃のほうが優れているので、競技になれば自動銃を使う人はだれもいない。

65 水平二連と上下二連

銃身と機関部の間が関節で折れ、直接、指で薬室に実包を装填する方式を「元折れ式」といい、銃身1本なら当然、単発で、銃身2本なら2発撃てる。3本銃身とか、もっと多いものも過去につくられたことがあることはあるけれども、実用的でないから普及しなかった。

水平二連散弾銃

上下二連散弾銃

単発元折れ式は、存在するけれども珍しいほど少数である。

散弾銃の多くは銃身の2本ある「上下二連」か「水平二連」である。どちらかというと上下二連はクレー射撃重視でやや重くつくられ、水平二連は狩猟重視で軽くつくられている。

クレー射撃重視で上下二連を買い、それを狩猟にも使うという人が多く、元折れ二連散弾銃の大多数は上下二連である。というより、お金持ちでなければ水平二連は買えないというのが実状だ。銃砲メーカーのカタログを見ると、自動銃は十数万円からあり、上下二連は30万円くらいからあるが、水平二連には値段を書いていない。

イギリスの貴族が狩りに使っているのは、きまって水平二連である。

そこで自分もちょっと高級志向でいってみようと水平二連を注文すると、体に合う銃をつくるために寸法採り用のダミー銃を構えさせられ、納期は1年といわれる。請求書にはベンツが買えるくらいの金額が書かれてくる。

射撃場で上下二連がズラリと並び水平二連を見ることがないのは、そもそも持っている人がきわめて少ないからなのだ。

もっとも昔は、安物の水平二連もあったことはあった。安いものはそれなりに雑である。筆者の水平二連銃は数十年昔の職人仕事の逸品で、公務員の初任給が2万円くらいの時代に80万円くらいしていたもの。いま、筆者の財力でこんなもの注文できない。こないだバネが折れるという故障が起きたが、当然、部品はない。バネ1本からしてオーダーメイドの手造りである。

けれども、散弾銃というものは値段とあたる、あたらないは無関係である。散弾銃で鳥やクレーに命中させるのは飛ぶ目標を追いかけて銃を振る（手で銃を振るのではない、構えた上体を腰で振る）スイングの滑らかさと目標に対するリードの取り方、引金を引くタイミングといったテクニックの問題につきる。

実際、猟友会のクレー射撃大会に参加して、参加者のどの銃より筆者の水平二連のほうが高級品だろうが、筆者がもらうのはブービー賞である。ライフルならスナイパーのまねごとくらいできるが、クレーはろくに練習もしていないから……。

では、高い銃はどこに価値があるのか、彫刻がりっぱなだけか?

操作したときの使用感、「ガシャ」などという下品な音はたてず「すうーっ」と銃が折れ、「パチン」と閉じ、引金の引き落としの感触などはことばで説明し難いもので、あるていど射撃をやって、いろいろな銃を撃った経験のある者にしてはじめてわかるようなことである。

66　自動銃とスライドアクション

自動銃は弾倉に何発も弾が入る。とはいうものの、日本では3発以上、弾の入る散弾銃を狩猟に使うことは禁止されている。そういう制限をしている国は多い。それに実際問題、鳥を撃つ場合、4発目が有効打になることはまずない。

自動銃の利点は、反動が軽いということ。散弾銃は多量の（35グラムとか42グラム、マグナムになると53グラムとか）重い散弾を撃ち出す。散弾の質量が大きいほど反動は大きく、10グラムくらいの弾を撃ち出すライフル銃より散弾銃のほうがずっと反動は強いものである。

クレー射撃専用装弾の散弾量は24グラムしかないが（昔はもっと多かったのだが、出場する選手のレベルが高くなったので、難しくしたのだ）、狩猟用には散弾量の多いほうが有利だ

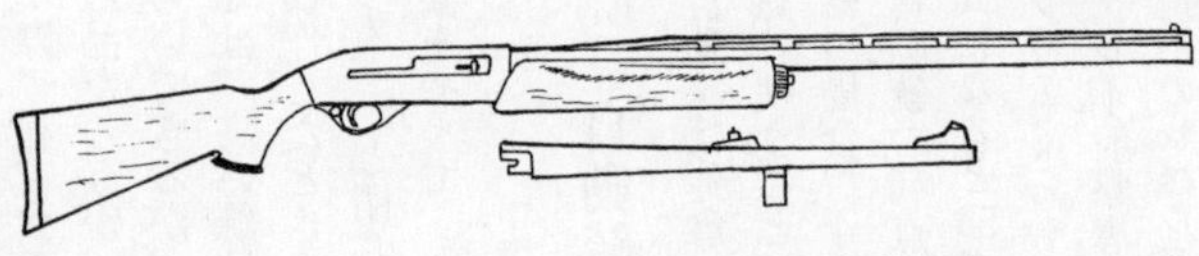

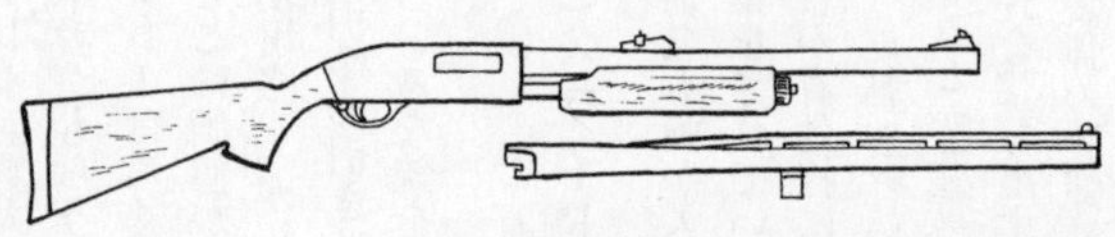

こうした自動銃やスライドアクション銃は簡単に銃身交換ができ多用途に使うことができる。もっともそれは、ある用途に限ればそれ専用の銃に劣ることは致し方ない

から、とくにカモの遠射などにはたくさん散弾の詰まった装弾を使う。

それを元折れ銃で撃つと肩の骨が折れるのではないかと思うような反動を感じるが、自動銃だとかなり反動がやわらげられる。

ところが、自動銃は時として正常に作動しないことがある。とくに散弾銃では。

なぜかというと、散弾装弾は重いもの軽いもの、いろいろあって、それに応じて火薬の量も異なるものを暑い日も、寒い日も、雪の日も、雨の日も円滑にオートマチックというのは難しいのである。その点、手で先台を前後に往復させ、それに連動している遊底を往復させて装填・排莢を行なうスライドアクションなら、手で動かすのだから確実だ。

アメリカではスライドアクションを好む人が多く、映画にはよく出てくるが、日本人でこれを使う人は少ない。

「あれを自動銃のように素早く先台を動かして速射

するには相当な熟練がいるであろう」

と思って尻込みするらしい。

だが、心配御無用、発射の反動が操作を助けてくれ、勝手に先台が動いてくれるような感じがあって、意外に滑らかに操作できる。

スライドアクションの利点は、その安全性にある。

安全上、薬室に弾を装填して歩きたくはないものである。安全装置をかけていても、転んだり銃を落としたりしたショックで暴発した例は多い。

そうかといって自動銃で、獲物を見てからコッキングハンドルを引いて装填しようとしても、自動銃、とくに散弾銃の自動銃は復座バネが強く、一瞬でシャキッと引けるようなものではないのだ。

その点、スライドアクションは有利だ。弾倉にだけ弾を詰めて持ち歩き、獲物が出た瞬間、先台を往復させて装填・発射、その素早さはスライドアクションに優るものはない。

だから筆者は、レミントンM８７０スライドアクションを長く愛用してきた。

唯一難点があるとすれば、自動銃にくらべ反動が硬いこと。とくにマグナム装弾を撃つときが。まあ、耐えられる範囲だ。

ただ、若いころは平気だったが筆者も年をとった、ちかごろはなるべくあんな反動の強いものは撃ちたくないと思うようになった。

67　コンビネーション銃

散弾用の銃身とライフル銃身の両方を持った銃をコンビネーション銃という。たいていのものは水平二連の散弾銃身の下にライフル銃身を設けた三連続（ドリリング）である。職人仕事の特注品で庶民に買えるようなものではなく、目にすることも稀である。筆者も実際に使ってみたことはない。

第二次大戦中、アフリカ戦線などで活躍したドイツ軍機には、不時着したときのサバイバル・ガンとして、このような三連銃が搭載されていたが、おそらく歴史上、最も高価なサバイバル・ガンであった。

68　スラグとスラグ銃身

散弾銃は散弾を撃つためのものである。7ミリ、8ミリの大粒散弾を使ってシカや猪を撃つこともある、とはいっても実際問題、大物のシカや猪は7ミリや8ミリの散弾では倒れない。ライフル弾の7ミリ、8ミリとはまったく威力が違う。ライフルの8ミリモーゼル弾ならば、約13グラムの弾丸が秒速800メートルほどで飛んで来るのに対し、8ミリの散弾は3グラムほどの重さで秒速300メートルくらいのものだから。

それで、散弾銃で大物を撃つためには「スラグ」といって銃腔直径いっぱいの1個の弾丸を発射する。火縄銃を撃つようなもので命中精度は低いし、有効射程も数十メートルしかないけれども、近距離でならクマとも勝負できる。大物猟にはライフル銃のほうが適しているけれども、巻き狩りで近距離の待ち伏せ射撃専門なら散弾銃にスラグでもけっこうやれる。また、大物猟が目的でない場合でもヤマドリ猟に行って偶然、クマに合う可能性もあるから、鳥目的で山へ入るときでも数発のスラグを携行したりもする。

スラグ

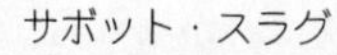

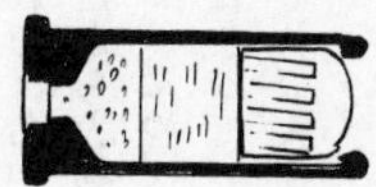

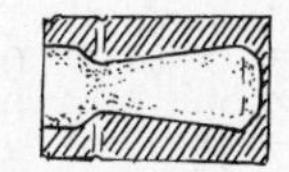

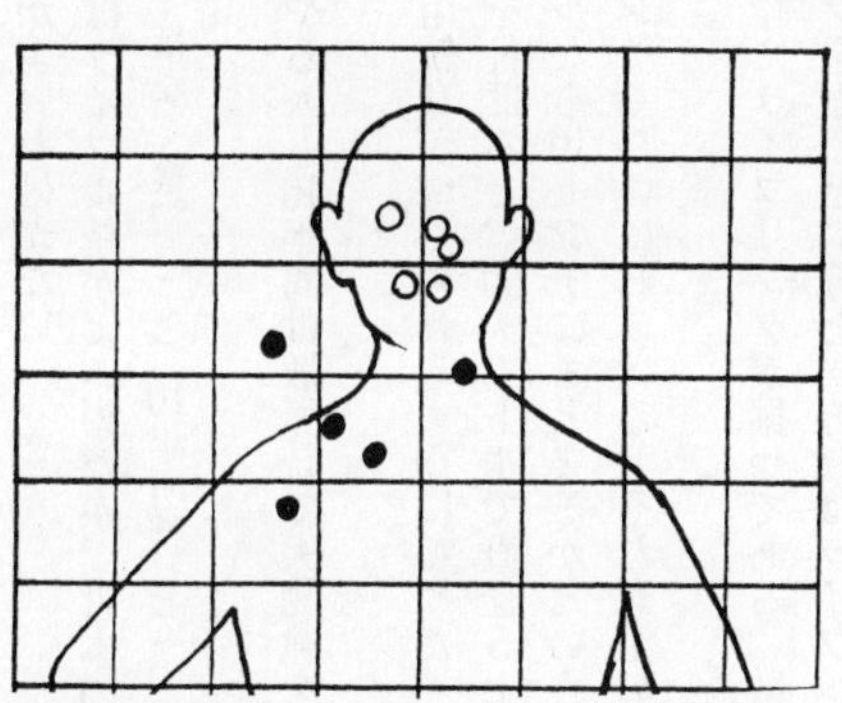

散弾銃のスラグ銃身（ライフリングなし）による射撃結果
レミントン M1100、口径 20 番
○＝ 50m　●＝ 100m　マス目は 10cm

散弾銃の銃身には散弾の散開を絞るチョークが設けられている。スラグはそこを通過しなければならないから、実際には銃腔直径ぴったりではなく、少し小さめにつくられている。たとえば、12番だと銃腔径18・5ミリだが、フルチョークが付いていたら17・5ミリに絞られている。そこでスラグのほうは直径17ミリほどにつくられているから銃腔に対してガタガタである。

これでは命中精度がよいわけがない。

だから大物猟にはライフル銃がよいのだが、日本の法律では散弾銃を継続して（中断があってはだめ、合計ではなく継続して）10年所持していた人でないとライフル銃を持てないようになっている。

それで大物猟をやる人も10年間は散猟銃で大物猟をしなければならない。これは不便きわまりない。

そこでスラグ専用銃身がつくられるようになった。

スラグ専用銃身を付けると、50メートルで直径5センチほどにまとめることができる。ならば100メートルなら10センチにまとまるかというと、そこが弾丸に回転をあたえられない悲しさで、30センチくらいにバラける。それ以上の距離になると、もうどこへいったかわからない。

ライフル銃は銃腔にライフリングが掘ってある。散弾銃はライフリングがない。散弾銃の銃身にライフリングを掘るというと、それはライフル銃に改造したことになるから認められない。ところが、銃身の長さの半分以下ならライフリングがあっても散弾銃とみなされるのだ。なぜかというと、昔、散弾銃のチョーク部分にライフリングを施したものがあって（そんなことをしても実際には効果はないのだが、そういうものがあった）「少しでもライフリングがあればライフル銃だ、とはいえないでしょう」ということになり、「では、法律上は2分の1以下なら散弾銃ということにしよう」ということになった。

そこで銃身の長さの半分までライフリングを施したスラグ専用銃身がつくられ、これに「サボット・スラグ」というものを使用するようになった。

「サボ」というのはオランダやフランス東北部で用いられている室内履きのスリッパのような木の靴のことである。仕事をしないことを「サボタージュ」とか「サボる」というのは、この室内履きの靴からきている。サボはスリッパのようなもので脱げやすい。

銃腔にぴったりの直径（ライフリングに食い込むように谷径）の「サボ」と呼ばれるプラスチックの筒にもっと小さい直径の弾丸を入れる。これによって大きな口径の銃砲から小さな直径の弾丸を高速で発射する。サボは発射されると空気抵抗ですぐに脱げて、細長い空気抵抗の少ない弾丸が飛んでいく。これによって射程も貫通力も増す。これが「サボット弾」で、第二次大戦末期から戦車を撃つ砲弾に用いられていたアイデアである。

この「ハーフ・ライフリング銃身」と「サボット・スラグ」の登場によって、散弾銃でも100メートルで獲物の急所を狙って撃てるようになった。ライフル銃にくらべれば有効射程は三分の一以下であるが、それでも有効射程150メートルなら、かなりやれる。

「銃身長の半分以下のライフリングなら散弾銃とみなす、ということなら、ライフル銃のライフリングを半分削り取ったものは法的に散弾銃だろう」ということになりそうだが、最初からライフル銃としてつくられた銃のライフリングを半分削り取っても、それは警察は散弾銃とは認めてくれない。

69 ボルトアクション散弾銃

ボルトアクションという機構はライフル銃には多いが、散弾銃には珍しい。散弾銃は本来、鳥を撃つためのものだから、1発めで撃墜できなかったとき、すぐ2発め（二の矢）をかけたいのだが、ボルトアクションでは遅れてしまう。

しかし、ボルトアクションは構造が簡単なので、貧乏人向けの猟銃として村田式猟銃があったように、ボルトアクション散弾銃がほかにもないわけではない。昭和三十年ころまでは村田銃とは呼ばれないが、無煙火薬の散弾銃実包を使うボルトアクション銃が製造販売されていた。

筆者は、そうした貧乏人向けボルトアクション散弾銃ＳＫＢモデル１１０という12番散弾銃を使ったことがある。じつに簡素な銃であった。銃身が30インチ（76センチ）もあり、全長は１２０センチくらいあった。

ボルトアクション銃だから鳥撃ち用より大物猟向きだ。それにしては長すぎて山の中を持ち歩き難い。そこで銃身長を50センチくらいに切り詰めて軽快なカービン風にした。

軽い銃なので反動は強かったが、銃床の形がマグナムライフルのようなモンテカルロ型なので反動はストレートに後ろに来て、跳ね上がりは意外に少なかった。

しかし、実際にはこの銃はほとんど使わず、猪もシカもクマも撃たないまま処分してしまった。もう少し活用してみればよかったかな？

日本が豊かになってくると、そうした貧乏人用ボルトアクション銃は見られなくなったが、日本では大物猟をしようと思ってもライフル銃規制が強いため、散弾銃で大物猟をしなければならない人も多く、ライフル銃をもてない人のためのライフル代用散弾銃もつくられた。それがミロクのMSS-20という20番の銃で、上等なボルトアクションライフルのようなしっかりしたつくりの銃である。これでスラグを撃つと50メートルで5センチほどのグルーピングをつくることができる。

また、アメリカでも地域によってはライフル銃での猟を禁止しているところがある。平坦な森林地帯で、ライフル銃の流れ弾がとんでもない遠くまで飛んでいくおそれがある、という理由でだ。

それで日本だけの特殊事情というわけではなく、アメリカでもボルトアクション散弾銃やライフリング入り散弾銃身はつくられている。

かなり以前、マーリン社でつくっていたような気がするが、いまはつくっていないようで、いま、アメリカ製ボルトアクション散弾銃というと、モスバーグ695、ターハントなどがある。いずれも撃ってみたことがないので論評しないが、モスバーグのほうは撃ってみようという気も起きない仕上げの雑な銃であった。

70　散弾の材質

散弾はもちろん鉛でつくられる。純鉛では柔らかすぎるというので、スズやアンチモンなどを数パーセント混ぜて、やや硬くしたものが多い。前者をソフト散弾といい、後者をチルド散弾という。なぜ少々硬いほうがいいのかというと、軟らかいと発射の際に変形しやすく、変形した散弾は不規則なパターンになるからだ。

鉛は有毒である。といっても、鉛の銃弾の小さな破片が体に入ったまま長年暮らしている人の例もあり、鉛の毒性などたいしたことはないと考えられていた。

しかし、カモなどの水鳥を撃って、水底に鉛の粒が落ちる。水鳥は水底の砂を飲み込み、砂嚢のなかでその砂で食物をこすって消化をする。このとき鉛の粒も飲み込み、粉末になった鉛が鳥の体に蓄積され、思いのほか大きな影響が出ることがわかってきた。このため、少なくとも水辺での猟には鉛の散弾の使用を禁止するようになってきた。

鉛がだめとなると、最も簡単に思いつくのは鉄の散弾だが、鉄は硬くてチョークを傷める。それでネジで交換できるチョークの銃でないと使えない。また鉄は比重が小さいから（鉛の11・3に対して鉄は7・9）空気抵抗ですぐ速度が落ち、鉛の散弾にくらべ射程が短くなる（変形しないからパターンは均一であるが）。そのため鉛散弾にくらべて大きめの散弾を使わねばおなじ効果が得られない。それで散弾が多めに入る長い薬莢も使われるようになってきた。

古い高級品の二連続などはネジ込み式の交換チョークではない。古い高級品の銃を鉄散弾で傷めてしまうわけにはゆかぬ。そこでビスマスを使うとか、タングステンの粉末をプラスチックでつつむというアイデアが出てきた。

ビスマスは鉛によく似た金属で、鉛のように融点も低いし、軟らかくて加工しやすい。しかし、比重は9・8で鉛よりちょっと軽い。

タングステンは工作機械の刃先や戦車を撃つ徹甲弾に使われたりしているので硬いものだし、融点も高いのだが、比重が19・3もあるので、この粉末をプラスチックと混ぜて鉛とおなじ比重にすれば、チョークを傷めないで鉛散弾とおなじ弾道性能が得られる。

このビスマスやタングステンの散弾は値段も高いが、高い銃に使うのだから、それなりに高い弾でもいいであろう。

ちなみに、鉄の散弾もけっして鉛より安くない。鉛は熱で溶かして高い所から回転している円盤の上に落とせば、円盤の回転速度によって、さまざまな大きさの散弾が簡単につくれるのだが、鉄の散弾は機械のなかを通してボールベアリングをつくるように圧力で整形しなければならないから、けっこう手間がかかるのである。

71　スプリング式空気銃

スプリング式空気銃は1発撃つごとに手動でバネを圧縮し、引金を引くとバネが伸びてピストンを前進させ、その空気圧で弾を送り出す。

スプリングは、たいてい金属のコイルバネだが、なかには金属のバネではなく圧縮ガスを

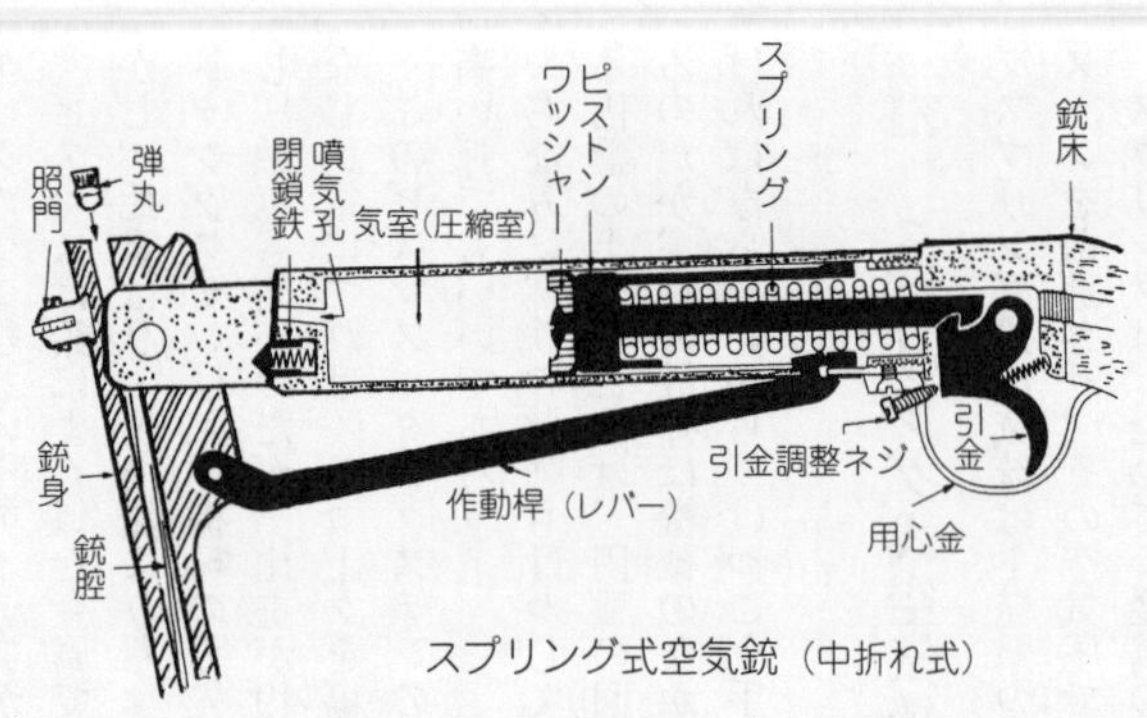

スプリング式空気銃（中折れ式）

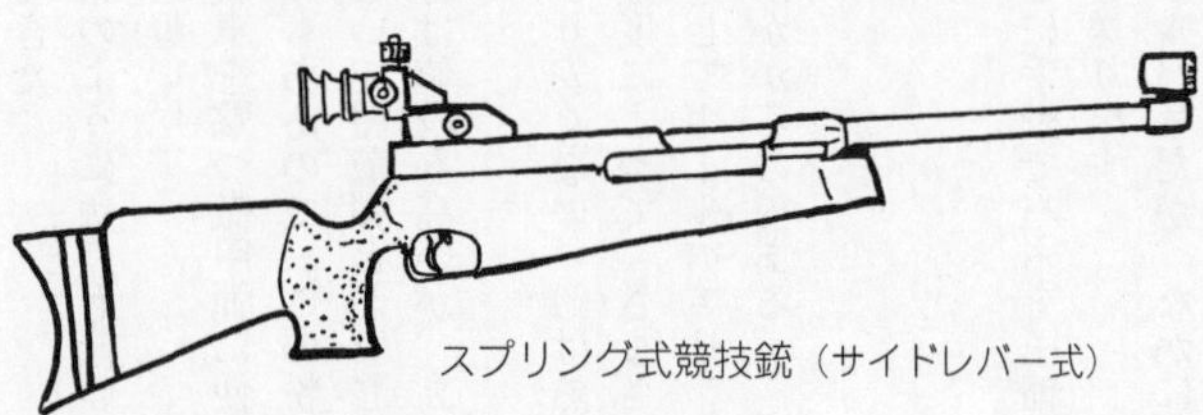

スプリング式競技銃（サイドレバー式）

封入したピストンをバネとして使うものもある（そのタイプは筆者はまだ使ったことがない）。

スプリング式空気銃には、10メートルで紙の標的に穴が開けばいいという低い威力の競技用のものが多い。

狩猟用に威力の強い空気銃をスプリング式でつくろうとすると強いバネを使わねばならず、そのバネを人力で圧縮しなければならないし、強いバネの反発力による衝撃で銃が振動するのをいかに抑えて命中精度を確保するかというような難しい面があり、狩猟用のスプリング式空気銃は、外国のごく限られたメーカーがつくっているだけである。昔は日本でもスプリング式の狩猟用空気銃があったが、威力も命中精度も低かったので、やがて消えていった。

スプリング式は、バネの反発力を利用して空気ピストンを押すのだから、つねにおなじ力で弾を発射できるので、競技用空気銃はほとんどスプリング式でつくられた。しかし、スプリング式はバネが伸びきったときの「ガツン」という衝撃で銃が揺れるので、これをいかに緩和するかが、よい競技用空気銃をつくる要であった。ドイツやスイスの空気銃メーカーはこれをよくくふうして、競技用空気銃といえば、ドイツ製かスイス製以外にないという感じになった。

筆者もしばらくドイツのファインベルク・バウを使った。すばらしいものではあったが、ドイツの銃というのは空気銃でもゴツくて重く、筆者の体格には合わなかった。

競技用空気銃は競技競則で口径4・5ミリと定められている。4・5ミリ弾の重さはメーカーによりやや異なるが、0・6グラム前後で、競技銃の場合、これを180m／秒ほどで発射する。これでもスズメくらいは死ぬ。命中精度は10メートルで撃つかぎり何発撃っても穴はひとつしかあかない。口径より少し大きな穴ができるだけである。

72　ポンプ式空気銃

ポンプ式空気銃は、銃そのものが空気を圧縮する手動ポンプになっていて、レバーを手で

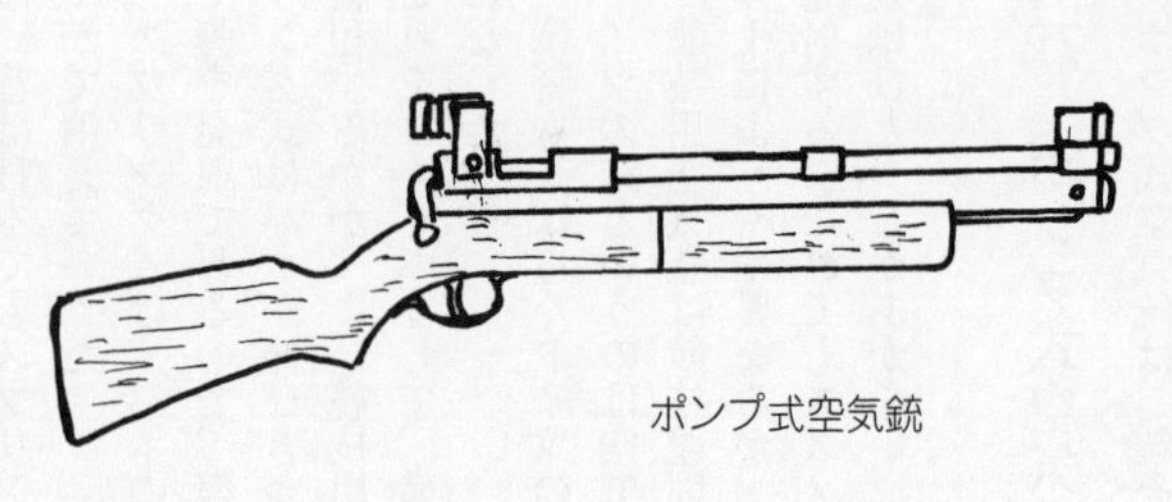

何度も「ギッチ、ギッチ」と押して空気を圧縮して貯めておき、その圧力で弾を発射する。

紙の標的を撃つ競技なら2回ポンプすれば、必要な弾速は得られるが（4・5ミリの場合、ポンプ2回で180m／秒弱が得られる）、それはスプリング式のレバーを1回引くよりは労力が大きい。そして何十発も撃つ競技では、その労力の差は馬鹿にならない。命中精度はドイツ製競技銃と互角に勝負できるほどのものがあるのだが、競技の途中で疲れてしまう。日本がまだ貧しかった昭和のなかばまでは、ドイツ製空気銃が高価だったのでポンプ式競技銃を使う人もあったが、日本が豊かになってくると競技に使う人はほとんどいなくなった。

狩猟用としては、ポンプの回数を増やせば圧力を上げられ、つまり威力を増すことができる便利さがあったが、反面、ポンプ回数が増えるごとにレバーを動かすのも強い力が必要になり、まあ腕の筋肉を鍛えるためにはよい道具であった。日本の空気銃はこのポンプ式を重視して研究・生産が行なわれ、ポンプ式に関しては日本が世界を制覇した。

現在、日本にはポンプ式空気銃メーカーは「シャープ・チバ」1社のみであるが、筆者が若いころ「兵林館」という空気銃メーカーがあって、しばらく筆者はその「兵林館B号」というのを愛用していた。

しかし、やがて兵林館は空気銃の製造をやめてしまい、筆者は故障した空気銃を修理することもできないことになり、この銃を処分してしまった。

しかし、もしあれをなんとか修理して、いまも現役で使えていたらすばらしいだろう、と思う。性能的にはシャープとかわらないと思うが、人件費の高くなった日本で現在、生産されているシャープの空気銃は見た目がいかにも安っぽい（とても本物の銃とも日本製とも思えない貫禄のない姿である）。いま思えば、昔つくられた兵林館の銃は鉄の削り出しの重厚感がじつによかった。

弾の装填を押しボタンで行なうシャープと異なり、兵林館はボルトアクションで行なうのもまたよかった。

若いころは目もよかったので、スコープなしの照星・照門で狙って30メートル離れたスズメを仕留めていたものだ。いまの筆者には、あれはできない。

73 圧縮ガス式空気銃

空気を使うのではなく、救命胴衣を膨らませるのに使うような小さな二酸化炭素のボンベを使うので、ガス銃は空気銃ではないという考え方もあるが、法律上の区分は空気銃の一種として扱われている。

2本のボンベを同時に使うが、これで30発前後撃てるので、ガス式はたいてい弾倉を付けて連発式である。この小さなガスボンベは使い捨てであるから、空気がタダの空気式にくらべ1発あたり10円強のガス代がかかるが、ポンプ式のように人力で空気を圧縮しなくてよいから楽である。ポンプ式なら1発撃つごとに汗をかきながら5、6回ポンプ操作をしなければならないところを、ボルトを往復させるだけで5連発なのだから。

だが、このガス式にも弱点がある。気温の変化を受けやすく、暖かい日と寒い日で微妙に弾着が変わる。暖かい日に標的を撃って、「よし、これでよくあたる」と思って寒い日に獲物を撃つと、ガス圧が上がらず手前に着弾してしまったりする。それでガス銃は関東以南の暖かい地方で使うのがよいといわれている（北海道では十月一日が狩猟解禁なので、筆者は北海道でも初猟期には使ったが、威力が出ずに命中しているハトに飛んで逃げられたことは数知れずであった）。

ガス銃のメーカーも昔は数社あったが、現在ではシャープ・チバと豊和工業（自衛隊の小銃をつくっている会社）の2社だけである。筆者は豊和を長く愛用してきた。他のメーカーのものより少し値段が高いが、性能だけでなくスタイルも仕上げの丁寧さも申し分なくよい。

豊和 55G ガス銃

シャープ・イノバ・ポンプ式空気銃

競技用空気銃。プリチャージ式

ただ、引金の引き落としがちょっと固い。そのせいか競技用空気銃や兵林館・シャープのポンプ式にくらべると、やや命中精度がよくなかった。あるていど射撃に慣れた人ならば、シアを研磨してもっと滑らかに引金が落ちるように調整したほうがよいであろう。

しかし、二酸化炭素というのは60気圧ていどの圧力しか得られないので、威力に限界があり、ハトより大きな獲物はよほど正確に急所へ撃ちこまないと倒せない。ポンプ式でガス銃より圧力を上げることは大変ではあるが、労力をいとわなければポンプ式のほうが威力を増すことができ、大物狙いができる。

なお、ガス銃は口径5・5ミリより、小さい4・5ミリを選んだほうがよい。口径が大きくても小さくても1発あたりのガス量はおなじなので、口径の大きな5・5ミリは弾速が遅く、貫通力が弱いからである。

74　プリチャージ式空気銃

プリチャージ式は、銃内部に高圧空気タンクがあって、そこへ外部のポンプで圧縮した空気、あるいはダイビング用のボンベなどから空気を充填して貯めておく。しかし、外部ポンプを使って、自転車に空気を入れるように人力で空気を充填するというのは、まったく冗談じゃない重労働で、実用にならない。それでダイビング用のタンクから充填ということになる。

火薬を使うライフル銃には比べ物にもならないが、空気銃のなかでは最高に強力で、スズメやハトくらいのものを撃つのにこんな強力なものはいらない。50メートルも離れたカモやキジ、カラスなどの大きな鳥の遠射、キツネ、タヌキ、ウサギなどの小型獣を撃つのによい。

そして、一度の空気充填で数十発も撃てる。ガス銃より強力で、ガス銃より気温の影響を受けにくく、コッキングレバー操作だけで5連発だから最高といえば最高だが、値段も高い。レミントンM700といったライフル銃のほうが安いくらいである。銃は高いしタンクも高い、そのタンクもダイビングで人間が吸うのと違って100気圧以上、圧力が残っていないと銃に充填しても意味がないから意外にすぐボンベを再充填しなければならない。

けれども日本では、クマ、シカ、イノシシ以外の動物をライフル銃で撃つことは禁止されており、ウサギやキツネなどを散弾銃で撃つのではなく、狙撃で仕留めたいと思えば「これしかない」というところだ。

一九七〇年代に韓国製のプリチャージ式空気銃が輸入されたことがある。筆者が使ったのは鋭和3Bという製品だった。銃床の木材こそ安物であったけれども、なかなかしっかりした製品で、威力・命中精度ともに申し分なかったが、「強力すぎる」という理由で空気銃射撃場で使わせてもらえなかったため、結局、市場から姿を消し、筆者も数年使っただけで終わった。

しかし、九〇年代に入って欧米のプリチャージ銃が多く輸入されはじめ、最近はプリチャージ銃ブームである。

射撃場のほうも競技用空気銃の10メートル射撃場では使わせてくれないが、ライフル射場で使わせてくれるので、どんどん買う人が増えている。口径6・35ミリという大きな弾を230m／秒で発射するというような強力なものである。

また、競技用にもスプリング式やポンプ式のように1発撃つたびにバネや空気を圧縮する必要が無いし、ガス銃より気温の変化に影響されにくいので、プリチャージ式の空気銃が増えてきた（というより主流になりつつある）。競技用の場合は、ぐっと低威力に押さえられているが、それだけ再充填なしで多数の弾が撃てる。

75　89ミリ・ロケット発射筒 M20

通称「バズーカ」。朝鮮戦争ころのアメリカの中古兵器だ。筆者が若いころ、自衛隊の歩兵用対戦車火器といえば、これしかなかった。

砲弾が砲身から撃ち出されるのと異なり、ロケット弾は飛行機みたいなもので自分の力で飛んでいく。ロケット発射筒はただロケット弾に方向をあたえ、点火してやるだけの役目。だから砲身のような強度はいらない。アルミの筒である。

そうはいっても直径約10センチ、長さ1・53メートルの筒は重さ6キロある。もっとも構えた感じは小銃より重いような気はしなかったが、2つに分解して持ち運べるとはいえ、銃も持ったうえ、これを持つのは、どうにもかさばるものだった。

引金を引くとロケット弾に電気点火するのだが、電池があるわけではなく、引金を引くときコイルに誘導電流が流れて、その電気で点火するのだ。引金を引く力で電気を起こすというのだから、力を入れて、ぐい、と引く。小銃のような精密射撃をするものではないし、もともとそんな精度のないものだが、気に入らない引金だ。

筒のなかを重さ4キロの弾が前進するとき、重い弾が前へ進むにつれて、その重さで筒が下がるから、しっかり構えていなくてはならない。

ロケット弾には160グラムの推進薬が入っているが、筒のなかで瞬間的にほとんど燃えてしまうため、意外や「ドカーン」という音がする。しかし、銃砲ではなくロケットなのだから、反動はない。完全にゼロで、何のショックもない。しかし、ロケットなのだ、筒の後ろに人がいたら大やけどする。後方25メートル以内は危険だ。

ロケット弾の推進薬は、暖かい日は発射筒のなかで燃えてしまうが、寒い日には筒の外へ飛び出してもまだ噴射がつづいていて、それが射手に吹き付ける。といっても服に火が付くほどではないのだが、顔にあたるとショックがきついので、ガスマスクをかぶって顔を守る。

弾は秒速96メートルということだが、つまり時速345キロ、それはヘリコプターより速いけれども旅客機の半分くらいの速度だ。弾としては、すごく遅い。

ひゅーっと、放物線をえがいて飛んでいくのが見える。

ロケット弾は気温や気圧の影響で速度が大きく変化し、風の影響も受けやすく、命中精度は低い。ただ飛ぶだけなら最大射程860メートルということだが、照準眼鏡の目盛りは4

00ヤード（360m）までだ。しかし、実際、戦車などに命中させようと思えば、100メートル以内に近寄らねば、とてもあたらない。

もっとも、100メートルどころか、後ろに回りこみでもしなければ、現代の戦車を撃ち貫くことなどできそうにはない。弾頭の成型炸薬はコンポジションBが860グラム入っていて、装甲貫徹力183ミリということになっている。それでT-34は破壊できたし、ならばT-55くらいまではやれるだろうと思うが、それより新しい戦車は心配だ。

76 RPG-7

RPG-7。一九六二年以来、ソ連軍の歩兵部隊に装備されている肩のせ式の軽便な対戦車兵器。ヴェトナム戦争はじめ、世界じゅうの紛争地域でAK47と並んで共産軍のシンボル的存在だが、もとをたどればドイツのパンツァーファウストが進化したものだ。

89ミリ・ロケットランチャーが大きくかさばるのに対して、ソ連のRPG-7は長さ95センチで、カービンなみに短い。口径は40ミリで、筒の前から口径より大きな（直径85ミリ）のロケット弾の推進薬部だけを押し込んで、弾頭は筒の前に出ている状態で発射する。だから小さな発射機から大きな弾が飛ばせるわけで、発射機は小銃のように扱いやすい。

重さは6・3キロだという話だが、構えた感じは4キロもないのではないかと思うくらい持ちやすい。

弾は弾頭部と推進薬部がべつべつに容器に入っていて、戦闘前に容器から出してネジ込んで結合する。推進薬部を発射筒のなかに押し込む。

点火は銃とおなじように雷管を撃鉄でたたく。雷管は推進薬筒の側面にあるので、撃鉄と雷管の位置をぴったり合わせる必要がある。それは、弾のほうにある突起と銃口部にある小さな切欠きを合わせて装填すれば合う。弾頭の信管のキャップをはずす。

倍率2・5倍の照準眼鏡を覗く。単純に飛ぶだけなら弾は959メートルほど飛ぶというが、照準目盛は500メートルまで施されている。

拳銃のように指で撃鉄を起こし、引金を引く。

「ドカーン」というほどでもない「バカーン」というくらいの音がして、弾が飛び出して行く。もちろん何のショックもない完全に無反動である。後方に人がいてはならないのはもちろんのことである。

発射は少量の火薬でまず120m／秒ほどで発射され、つまり最初はロケットではなく無反動砲なのだ、そして銃口から飛び出すとたたまれていた羽が開き、10メートルくらい飛んでからロケットに点火、300m／秒に加速される。

驚いた。口径より大きな弾の細い推進薬部を筒の前から入れる方式なので、自衛隊の89ミリ・ロケットよりもっと低速で大きな放物線をえがいて、ひょろひょろと飛んでいくのだろうと思っていた。

「速い！」驚くほどフラットな弾道、驚くべき高速。89ミリ・ロケットなんぞ全部捨てて、

RPGを買え！

本来、戦車を撃つものであるはずのこのRPGで、ときどきヘリが撃墜されている。納得できる。こいつは、あたる。

ただし、筆者が撃ったときは無風状態だったからよくあたると感じたが、横風の影響は受けやすいという話で、実戦で戦果を挙げるには風を読んで照準を修正することが大切だそうだ。

AK47は好きではないが、こいつは一家に1梃ほしい武器だ。

装甲貫徹320ミリ。

77　カール・グスタフ84ミリ無反動砲

冷戦時代、対ソ・対機甲戦闘が最大の課題であった陸上自衛隊は、朝鮮戦争のお古のM20バズーカじゃ、あんまりだというわけで、一九七九年にスウェーデンのカールグスタフ84ミリ無反動砲を導入した。

カール・グスタフというのは昔、スウェーデンがいまより領土も広くて威勢がよかった時代の王様の名前で、その名前を冠した兵器工場があるのだ。だからカール・グスタフのサブマシンガンもあるし、カールグスタフのライフルもある。

さて、無反動砲である。そう、バズーカみたいに肩にのせて撃つが、ロケット発射筒ではない、砲なのだ。アルミの筒なんぞではない、特殊鋼の、ライフリングの入った砲身を担いで撃つのだ。

無反動砲だから前に砲弾を発射するのとおなじエネルギーの爆風を後方へ噴き出してバランスをとっている。後ろに人が立っていたら危険なことはロケット発射筒の比ではない。首が吹き飛ぶ。

グリップや引金は砲身の真下でなく少し右下にある。そこから後ろのほうへ撃鉄とバネの入ったチューブがつながっている。そこから突き出しているコッキングハンドルを引いて撃発準備状態にしないと閉鎖機は開かない、つまり弾が込められない。コッキングしてから弾を込める、というのは安全装置があるにもせよ、ちょっと気に入らないメカだが。

この弾、雷管が薬莢の底でなく横腹にある。そこが撃針の位置に合うように弾を込めなければならないが、心配しなくても切欠きと突起が合うようになっている。

照準眼鏡を覗く。倍率3倍、目盛りが入っているが、これは微調整用の目盛りで、距離は照準眼鏡を取り付けている台座のダイヤルで眼鏡の角度を調節する。ダイヤルの目盛りは700メートルまで切ってある。もっとも40度くらいの角度で撃てば、飛ぶだけなら3キロあまりも飛ぶそうだ。

ふふふ、84ミリの狙撃銃だぞ……。

ところが、引金の感触は……気に入らねえな、この感触、RPGのほうがシャープだぞ。六四式小銃以上に、バネが「びよーん」と伸びて撃鉄をたたく感じがひどい。しかし、砲が重いので、それで照準が狂うということもない。

400グラムの発射薬は105ミリ榴弾砲の発射薬量に比べれば3分の1でしかないが、それでもあの大砲の3分の1の火薬が肩に担いだ筒のなかで爆発する。89ミリ・ロケットやRPGとは比較にならない強烈な発射音である。

爆風が砲の前後の地面から砂ぼこりを巻き上げる。重さ3・2キロの対戦車榴弾が初速260メートルで飛び出していく。さらに空中でロケットに点火されて300グラムの推進薬で加速、700メートル地点まで2・2秒で到達する。弾着時の弾の速度は約300m／秒、厚さ38センチの鉄板を撃ち貫くことができる。RPGより高速、正確、強力だ。

引金の引き落としの感触は鈍いが、こいつは、頼りになる。

頼りになるのだが、ライフリング入りの鉄の砲身は、重さが16キロある。これを担いで行軍というようなことになったら、頼りになるどころか呪いたくなるようなしろものだ。

78 パンツァーファウスト3

カールグスタフ無反動砲は頼りになる感じなのだが、いや、重いだけでなく、ひょっとしたら弾頭威力だって敵主力戦車を撃破できないかもしれない。厚さ38センチの鉄板を撃ち貫く威力があって、どうして戦車を撃破できないのか？　戦車は単純な鉄板じゃない。いまどきの戦車は中空装甲だの複合装甲だのというものが使われているのだ。

89mm ロケット発射筒 M20

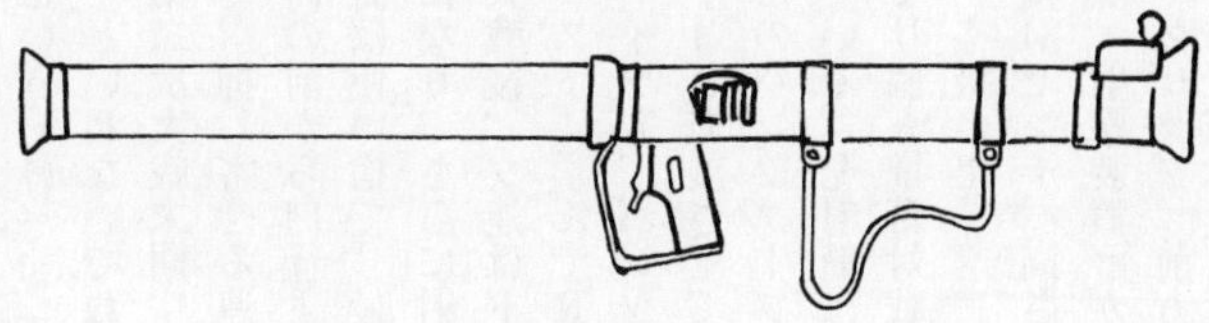

カールグスタフ 84mm 無反動砲

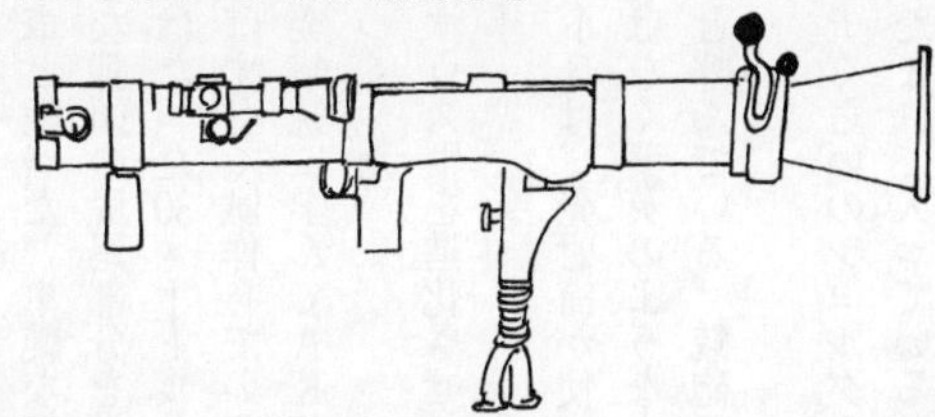

RPG-7

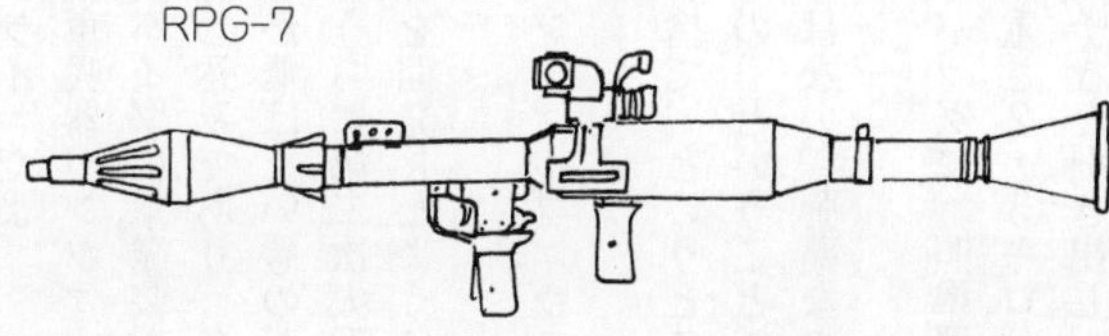

パンツァーファウスト 3

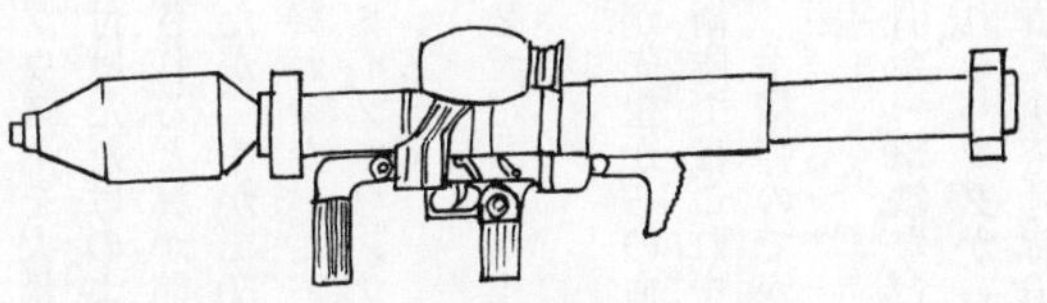

というわけで、一九九〇年にドイツから導入したのがパンツァーファウスト3。「スリー」といわないでね、ドイツ語じゃ「3」は「ドライ」だよ。

第二次大戦末期、ドイツは軽便な使い捨て対戦車兵器パンツァーファウストを大量につくって、押し寄せる連合軍戦車と戦った。単純な鉄パイプに撃発装置を付けただけのような発射筒の前から口径より大きな弾頭の尻尾部分を押し込んであり、発射されると翼が開く。発射筒は使い捨て。最初の型はたった30メートルしか飛ばないものだったが、やがて60メートルになり、さらに射程を延ばすべく試作しているうちに第二次大戦は終わった。

大戦後、ソ連はドイツの突撃銃に学んでAK47を開発したように、ドイツのパンツァーファウストに学んでRPGをつくった。

ドイツも、パンツァーファウストを進化させパンツァーファウスト2、パンツァーファウスト3と発展させていった。

このパンツァーファウスト3は、発射筒が使い捨て、というところが先祖からの血筋を引いている。発射筒は銃砲ではなく薬莢のようなもの、ということで自衛隊ではこれを「110ミリ個人携帯対戦車弾」と呼んでいる。銃砲ではない、弾薬なのだ。手榴弾のでかいもの、という扱いだ。

幅34センチ、高さ28センチくらいのショルダーバッグに、照準器と引金・撃鉄などのユニット「射撃装置」が折りたたまれて入っている。重さ2・5キロ。これをバッグから取り出し、グリップ、前方グリップ、肩当てをガチャガチャと引き出し、弾頭入り発射筒10・6キロをガチャポンとセットする。グリップを起こしたとき、撃鉄は自動的に起こされる仕組みになっている。弾頭先端の保護キャップ付きの「プローブ」を、相手が戦車なら引き出す。装甲目標に対するスタンドオフをとるためだ。相手が軟目標なら引き出さない。そして、保護キャップをはずす。

照準眼鏡は何かにぶつけて破損しにくいように分厚いクッション材で包まれている。

単純に飛ぶだけなら40度上向きに撃てば２４００メートルも飛ぶということだが、照準眼鏡の目盛は４００メートルまでである。

安全装置のレバーを「Ｓ」から「Ｆ」の位置へ下げる。狙って引金を引く。筒が1本なのに内部に撃鉄はふたつ、雷管もふたつある。絶対に不発で弾が出ないことがないようにだ。雷管の不発の可能性は万にひとつもないが、それがふたつあれば不発射は億にひとつもない、ということになるか。しかし、現実には不良品の雷管が1個あったとき、おなじ日におなじ設備でつくられた雷管は全部不良か、少なくともかなり多数の不良品がふくまれている。それを2個付けても「億にひとつも不発はない」ということにはならないので、本当に億にひとつも不発がないようにしようと思えば、それぞれの雷管は、べつの会社でつくられたものを取り付けなくてはならないのだが。

引金の感触は、89ミリ・バズーカやカールグスタフ無反動など比べ物にならない銃らしい切れがある。ＲＰＧより火薬量は多いようだが、金属チューブから撃つのと違いカーボンファイバー・プラスチックの筒だから、ドカーンという発射音もなにやら鈍く聞こえる。後方爆風はあることはあるのだが、RPGやカールグスタフのように、一度、ノズルで絞って高速で後ろに噴き出しているのではない、弾頭とおなじ重さの「カウンター・マス」と呼ばれる砂粒のような重りを後ろに飛ばして発射反動を消しているのだ。原始的でむだな重量を食っているようだが、部屋のなかで撃っても壁に反射した爆風で射手が危険になるようなことがないのが利点だ。一応、壁から2メートル以上離れることになっている。

3・8キロの弾が170m／秒で発射され、飛び出してから空中でロケットに点火されて250m／秒まで加速される。

射程はカールグスタフより短いが、弾頭直径110ミリを生かして、単純な鉄板なら700ミリの厚さを撃ち貫くことができる。撃ち空になった発射筒はカチャッとはずして捨てる。「射撃装置」を二つ折にたたんでショルダーバッグにしまう。じつに手軽だ。といっても、重さは13キロあってRPGのように軽快ではないが、破壊力は断然勝っている。

79 単位の話

銃の話というと、アメリカから発信される情報が多い。しかし、アメリカから発信される話には、いや、話だけでなく、銃でも、自動車でも、航空機でも、アメリカのものは、長さの単位だとインチ、フィート、ヤード、距離はマイル。重さはオンスにポンド。体積はクォートにガロン。世界のどこも、こんな単位は使っていない。アメリカだけだ。

世界中の国がメートル法（正確にはメートル法から発展した「ＳＩ単位」）を使うことになっていて、アメリカ政府も公文書などではキログラム、ミリメートルといった単位を使ってはいる。しかし、政府の公文書だけだ。政府は民間企業にミリのボルトナットで車をつくれ、などという強制はけっしてしない。企業は、「インチでつくったものなど買わん」と消費者がそっぽを向きでもしないかぎり、それを改めようとはしない。

日本では、「寸」だの「尺」だの「貫」だのという定規やハカリを売ることからして法律で禁止しているのに（計測器でなく演劇用小道具だとかファッション小物だとかいえば売れるが）である。

まあとにかく、そういうわけでアメリカから発信される情報には、アメリカ独特の単位が使われているので、これに慣れるしかない（本当はアメリカが変えなければならないのだが、なにしろ傲慢な超大国）。

それで、銃関係でよく使われる単位について解説してみよう。

「インチ」(in)＝25・４ミリ。もともと親指の幅が起源である。口径０・３８インチは９・５ミリ、銃身長26インチは66センチである。

「フィート」(ft)＝12インチ＝３０４・８ミリ。もともと足の裏の長さからきている。銃弾の初速度２７００ft／秒は、８２１m／秒である。

「ヤード」(yd)＝９１４・４ミリ。もともと両手を広げた幅からきている。射程３００ヤードは２７４メートルである。

「グレイン」(Gr)＝0・064グラム。もともと麦ひと粒の重さからきている。薬量50グレインは3・2グラムである。

「オンス」(oz)＝28・35グラム。16分の1ポンド。

「ポンド」(lb)＝0・4536グラム＝7000グレイン。ポンドの記号がどうしてlbなのかというと、もともとは古代のリブラという単位に由来しているためだそうだ。

最近、あまり使われていないようだが、古い文献には散弾銃の薬量を「ドラム」という単位で表わしている例がある。1ドラムは16分の1オンス＝256分の1ポンド＝1・77グラムである。

弾丸の運動エネルギーを表わすのにフィート・ポンド(ft・lbf)という単位が用いられている。1・356ジュールであり、0・13826キログラム・メートル(kgf・m)である。

80　リムファイア実包

たいていの薬莢は底に雷管がある。ところが、雷管を持たないライフル実包というものがある。特殊なものではない、戦争でもないかぎり、平時にはこのタイプが最も多く消費されているのだ。

それは「リムファイア」式といって、口径0・22インチ(5・6ミリ)の(ほかの口径も例外といっていいほど、少し種類があるが)本当に小さな実包であるが、拳銃競技にも、

50メートルライフル競技にも、本格的な競技でない気軽な射撃遊びにも、低威力で音も小さく、弾代も安いので大量に消費されている。

リムファイア式というのは、P.189の図のように薬莢底のリムの部分に起爆薬が入っていて、この部分をへこむほどたたくと発火するのである。だから、たいていの銃と弾は薬莢の中心を撃針がたたく(センター・ファイア)のに対し、この種の弾と銃は撃針がリムをたたくので「リムファイア」というのである。

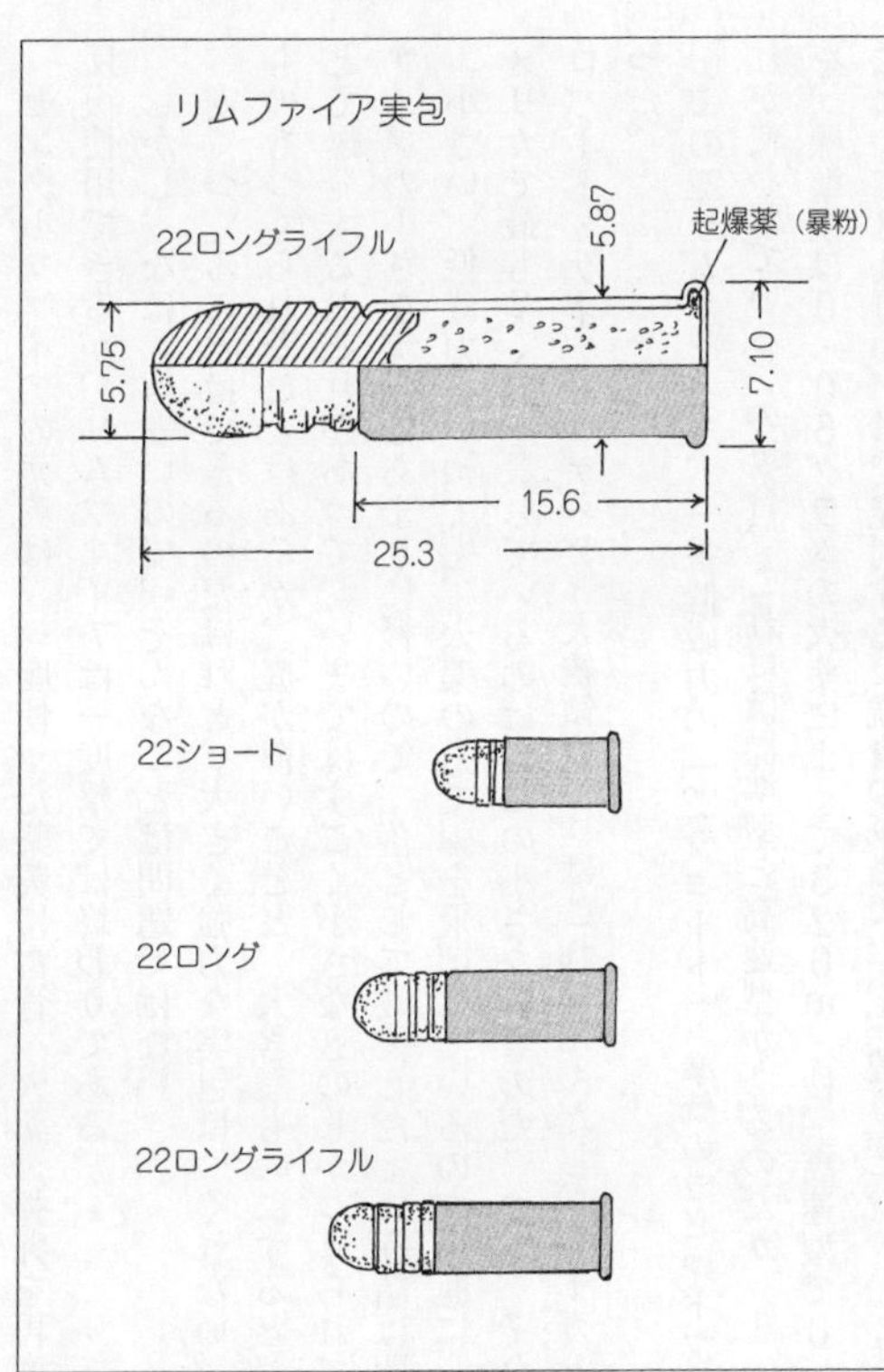

センターファイアの薬莢は、一度使った薬莢に雷管・火薬・弾丸を再度取り付けて何度も反復使用できるが、リムファイアは一度撃てば終わりである。

しかし、なにしろ安いので、そんなことは問題ではない。

安くつくることはできるのだけれど、大きく強力な実包はつくれない。歴史的には大きなものもつくられたことはあるが、底が薄いことと、大きなものにすると落としたショックなどで爆発するおそれがあって、いまではすごく小さなものしかつくられていない。22リムファイアの小さな実包はあまりに軽いので、落として破裂したという話は聞いたことがない。

小さい、低威力といっても、火薬の力で弾を飛ばしているのを馬鹿にしてはいけない。アメリカで最も多く人を殺しているのは、この小さな弾なのだ。まあ、それも当たり所だろう、ロバート・ケネディ（ケネディ大統領の弟）はこれで死んだし、レーガン大統領は死ななかった。

この22リムファイア、一番低威力の「22ショート」（拳銃のラピッドファイア競技には、これが使われている）の場合、これには標準型と高速型があるのだが、1・86グラムの弾頭を、標準型は0・05グラムの火薬によって320m／秒、高速型で0・06グラムの火薬によって340m／秒で発射する（銃身の長さでだいぶ違うが）。

この小さな弾を、けっして馬鹿にしてはいけない。粘土をこねたものを撃ってみれば、25センチもめりこみ、衝撃で直径5センチの穴が開いているのだから。

つぎに強い「22ロング」は1・86グラムの弾頭を413m／秒で、そのつぎに強い「22

ロングライフル」は2・56グラムの弾頭を標準型の場合、0・096グラムの火薬で347m／秒、高速型では389m／秒で発射する。これでも10メートルの距離で鉄兜を打ち抜けるのだ。

キツネくらいの動物には十分な威力があり、シカやイノシシでさえ眉間に撃ち込めば即死である。それだけの威力があるのに、反動の軽いことは、拳銃ならいくらか反動で銃が跳ねる感じがあるが、ライフル銃だとまったく反動を感じない、空気銃を撃っているのとたいしてかわらない。

この22リムファイア実包は、日本では競技の選手以外にはまったく使われていない。なぜかというと、狩猟用には禁止されているからだ。「狩猟には威力不足で、動物を傷付けるだけで逃がしてしまうおそれが大きい」からだ。そりゃあ、シカやイノシシならそうだろう。しかし、キツネやウサギを撃つには最適なんだが、しかし日本では、シカ、クマ、イノシシ以外の動物をライフル銃で撃つことも禁止なのである（なんで？　理解できない）。

81　雷管の話

雷管（primer）は、起爆薬を入れた小さなカップで、材質は銅または黄銅でつくられる。ニッケルメッキをしたものが多い。

起爆薬には古くは雷汞（雷酸第二水銀）が使用されていたが、保存中に自然分解する、高

ヴェルダン型雷管

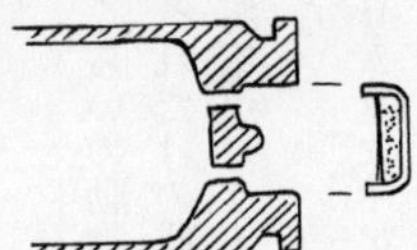

ボクサー型雷管

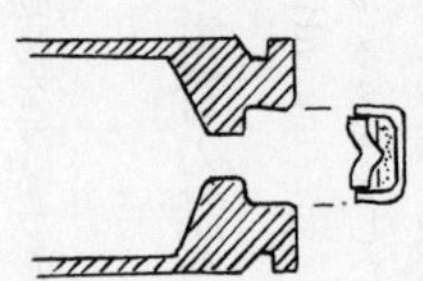

平底形

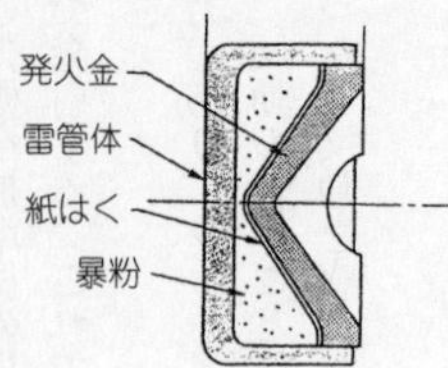

丸底形

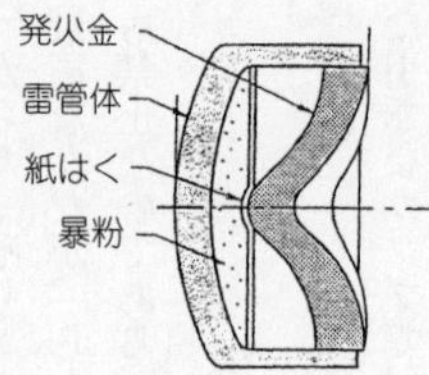

発火金

価である、銃腔を錆びさせやすい、などの欠陥があり、二十世紀なかばからトリシネート（tricinate ＝トリニトロレゾルシン鉛）が使用されるようになった。ただし、純粋のトリシネートは火炎の量がじゅうぶんでないので、各メーカーでは硝酸バリウムなどの混ぜものをくふうして添加している。

無煙火薬とトリシネート雷管の発明により銃砲はひじょうに錆にくくなり、火薬よりも手の汗のほうが銃を錆びさせる要素として大きいほどになった。

雷管を撃針でたたいてうまく発火させるため、雷管には発火金(はっかきん)（anvil）という小さな金具が付けられる。起爆薬は発火金と管体の間にはさまれているわけで、このため撃針からの打撃をうまく受け止めて発火する。

発火金を持たぬ雷管もある。薬莢底部の雷管のおさまるくぼみ（プライマーポケット primer pocket）の中心部が突出していて、これが発火金の役目をする。このような形式の雷管をベルダン型雷管（berdan primer）という。ドイツやソ連の軍用弾に用いられてきたが、撃ち空薬莢から雷管を抜き取ることができず、すなわちリロードできないところから民間用には好まれないし、軍用としてもあまり普及はしていない。

これに対し、発火金を持つ雷管をボクサー型雷管（boxer primer）という。

ボクサー型雷管には「大」と「小」があり、「大」は３０―０６などの大きな実包に、「小」のほうは２２３や30カービンのような小さな薬莢に使用されている。

発火金の形は「大」には3枚翼のものが多く、「小」には2枚翼のものが多いが、そう決められているわけではないので、「大」でも2枚翼、「小」でも3枚翼のものもつくられている。

外観上は区別できないのだが、雷管は小銃用と拳銃用がつくられていて、拳銃用のほうがわずかに管体が薄い。それで拳銃用を小銃に使ったら雷管に穴があきやすくなり、小銃用を拳銃に使ったら不発が多くなる、という話を聞くが、どのていど、という具体的なデータは筆者は持っていない。

第二次大戦ころまで、アメリカの雷管には丸底型のものと平底型のものがあった。これは性能や用途の違いを意味するものではなく、ただ習慣的に、あるメーカーは丸底型を、あるメーカーは平底型をつくっていただけである。いまではアメリカの雷管は平底型だけになったが、日本では丸底型もつくられている。

外観上は区別できないが、マグナム用雷管というのもあり、マグナムライフル実包の多量の火薬に点火するため強い火炎が出るようになっている。それをマグナムでない実包に使っても、安全圏内で少し圧力が上がるだけである。しかし、自分でライフル実包をハンドロードする人が多めの薬量の実包をつくるとき、マグナム雷管を使うと安全限界を超えるおそれがある。

82 薬莢の話

薬莢（case）は一般に黄銅（真鍮＝およそ銅70パーセント、亜鉛30パーセント）でつくられているが、散弾銃用の薬莢には紙やプラスチックが用いられているし、鉄やアルミニウムという例もある。ライフル銃や拳銃の薬莢はたいてい真鍮であるが、第二次大戦中のドイツやソ連の軍用弾の薬莢には鉄が多く用いられたし、アメリカでも大戦中の拳銃薬莢に鉄製がみられる。今日でもロシア、中国の軍用薬莢は鉄製である。鉄は真鍮よりも安価で軽いという利点はあるが、真鍮より加工しにくく、また錆びるという問題があり、資源的に銅の供給が追い付かない場合でもなければ、あまり推奨できない。

散弾銃の薬莢は黒色火薬の時代には紙製と真鍮製があって、口径がおなじでも紙製と真鍮製では規格が違っていたが、今日の無煙火薬用の散弾薬莢は特殊な例外をのぞき、すべて紙・プラスチック製である。真鍮薬莢は趣味で古い型の銃を使う場合以外には用いられない。アルミニウム薬莢は、リボルバーや散弾銃用につくられたことはあるが、リロードできるほどの強度を持っていないため、あまり普及しなかった。しかし、軽量にできるところから軍用には戦車砲や機関砲用に一部使用されている例もあるし、ライフル銃用にも見たことはある。

薬莢には、さまざまな形のものがある。

①はリムド（rimed）型といい、発射後、薬莢を引き出しやすいように薬莢の底が円板状に広がっている。リボルバーや散弾銃の薬莢にみられる型で、代表的なものとして45ロングコルト、44マグナム、38スペシャルなどがある。

薬莢の形状

① リムド型

② リムド・テーパ型

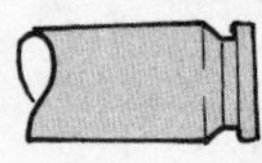

③ リムレス型

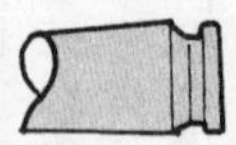

④ リムレス・テーパ型

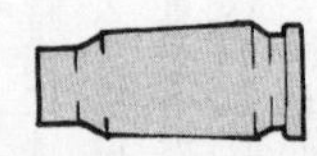

⑤ リムレス・ボトルネック型

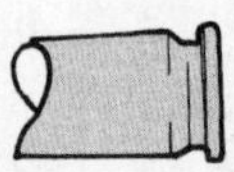

⑥ セミリム型

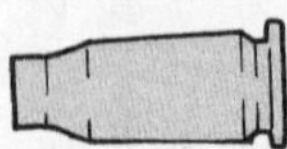

⑦ セミリム・ボトルネック型

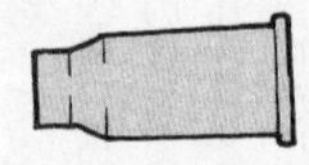

⑧ リムド・ボトルネック型

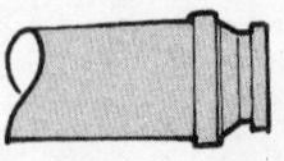

⑨ ベルテッド型

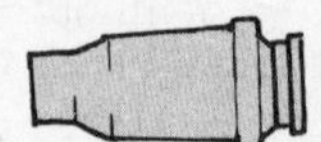

⑩ ベルテッド・ボトルネック型

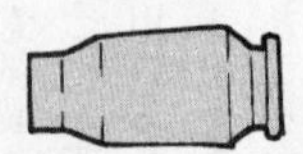

⑪ リベーテッド・リム型

②は、リムド型だが、ボディがテーパ（先細り）になっている。これは発射の圧力で薬莢が膨らんで薬室にへばりつくので、長い薬莢はテーパにしておかないと抜けなくなるからである。黒色火薬の時代にはよく用いられた形であるが、現代ではほとんど用いられない形である。５００ニトロエキスプレス45—１００バラードなどがある。

③はリムレス（rimless）型といって、リムの直径がボディの直径と等しいものである。これはリムド型の薬莢は自動銃の弾倉につめるときにリムがじゃまになるので、溝を掘ることによってリムをつくっているものである。・４５オートなどがある。

④はリムレス・テーパ型。リムレスだが、ボディにテーパがついている。９ミリ・ルガー、30カービンなどがある。

⑤リムレス・ボトルネック型は、リムレス型のヘッドとテーパのボディを持つボトルネック（bottle neck）の薬莢である。現代ライフル用薬莢には最も多く用いられている形であり、２２３レミントン、３０—０６など多くのものがある。

⑥セミリム（semi rimed）型はリムレスに似ているが、リムがわずかに張り出しているもので、セミリム型と呼ばれる。自動拳銃には多く用いられている。32オート、３８０オートなどがある。

⑦セミリム・ボトルネック型はリムレス・ボトルネックに似ているが、リムがわずかに張り出したセミリム型である。昔、日本軍が使った三八式歩兵銃の６・５ミリ・アリサカや７・７ミリ九二式重機関銃実包がこれである。

⑧リムド・ボトルネック型はリムドのボトルネックで、旧式なライフル実包に多い。第二次大戦までイギリスの歩兵銃に使われた303ブリティッシュ、7・62ミリ・ロシアなどがある。

⑨はベルテッド（belted）型といって、薬莢頭部がベルトを巻いたように補強されているもので、マグナムライフル・カートリッジの特別強力なものに見られるが、とくにボトルネックでないベルテッド型は、きわめて例が少ない。458ウインチェスター、458アメリカンなどがある。

⑩はベルテッド型でボトルネックのもので、高速マグナムライフル・カートリッジに見られる。7ミリ・レミントンマグナム、300ウェザビーなどがある。ベルテッド型の薬莢は軍用にはまず見られないが、昔、フィンランドで使われたラティ20ミリ対戦車ライフルのカートリッジやドイツの20ミリ機関砲弾はベルテッド・ボトルネックだった。

⑪はリベーテッドリム（rebated rim）型といって、ボディ径よりリム径が小さいものである。これもきわめて例が少ない。248ウインチェスターやエリコンの20ミリ機関砲のカートリッジにみられる。

83　黒色火薬

「黒色火薬」は人類が発明したもっとも古い発射薬であり、十七世紀までは「火薬」といえば黒色火薬しかなく、十九世紀までは「発射薬」といえば黒色火薬しかなかった。

黒色火薬は硝酸カリウム75パーセント、硫黄10パーセント、木炭15パーセントの混合物である。この配合比が威力最大になるので発射薬はこの比率でつくられるが、導火線は硝酸カリウム60～62パーセント、硫黄18～25パーセント、木炭15～20パーセントでつくられるなど、用途によりやや異なった配合比になっているものもある。

この材料の粉末をいくらよく混合しておいても、運搬するときの振動で分離するし、粉末のままでは吸湿性も高く、燃焼速度も速すぎるというようなことから、水を加えて練り、板状に延ばし、所望の大きさにカットして製品にされていたが、現在では水を加えることなく機械で圧縮して固め、それから所望の大きさにカットされている。

現代では黒色火薬は発射薬としてはほとんど用いられていない。わずかに趣味で古い型の銃に使用されることがあるだけで、もはや実用の発射薬ではない（大砲で多量の無煙火薬に火付きをよくするための点火薬として使うことはある）。

黒色火薬は無煙火薬にくらべて数倍の量を用いなければ、おなじ効力が得られない。だから黒色火薬の弾薬は大きくかさばる。すると、それを使う銃砲も威力のわりに大きく重いものになる。

また、黒色火薬は煙が多く出る。連続射撃をすると煙で前が見えなくなる。ススも多く、自動銃や機関銃に使用すると銃の機構がススだらけになって、すぐに故障する。手入れが大変である。そして、無煙火薬にくらべ銃を錆びさせやすいなどの欠点がある。

ただ、無煙火薬が長い年月のうちには自然分解する性質を持っているのに対して、黒色火薬は何百年でも変質しないことが唯一の長所である。

十九世紀、黒色火薬に類似した、黒色火薬よりすぐれた発射薬がつくられたことがある。硝酸カリウム14パーセント、硝酸アンモニウム37パーセント、木炭49パーセントからなるもので、アミドプルバーと呼ばれ、黒色火薬と無煙火薬の中間的な性能を持っていた。この発射薬は、ドイツ、オーストリアで多く使用された。

また、褐色火薬というものもつくられ、世界各国で用いられた。これは藁を蒸気で加熱し、完全に炭化しない褐色の状態にとどめたものを木炭の代わりに使用するもので、黒色火薬よりも燃焼速度が遅いので戦艦の主砲などの大口径砲に用いられた。

しかし、十九世紀末に無煙火薬が実用化されたので、これらの火薬類は半世紀ほど使われただけだった。

84　無煙火薬

無煙火薬は十九世紀なかばに発明され、十九世紀末に実用化された。

黒色火薬などにくらべると煙がきわめて少ないので無煙火薬と呼ばれるが、少しは煙が出るし、大砲くらいになると、とても無煙とはいえないほどになる。

無煙火薬の主成分はニトロセルロースで、セルロースつまり植物の繊維（綿などがその代表的なもの）を硝酸で処理してつくられる。綿を硝酸に数時間浸しておくだけでニトロセルロースになる（それで「綿火薬」ともいうが、工場で大量生産する場合には紙同様、木材からパルプをつくり、これを原料にする）。それはもとの綿のままの姿をしているが火薬になっており、火を付けると勢いよく燃える。

しかし、綿を硝酸で処理しただけの綿火薬は発射薬としては燃焼速度が速すぎて実用にはならない。それで、発明当初は発射薬としてではなく、魚雷の炸薬などに使用された。

ところが、綿状のニトロセルロースにエーテルやアルコールを加えると溶けてゼラチン状になる。そこで所望の大きさと形に整形してアルコールやエーテルを蒸発させるとセルロイド状の無煙火薬ができる。

綿状のニトロセルロースを溶かしてセルライドにするには、エーテルやアルコールを使わなくとも、ダイナマイトの原料であるニトログリセリンでよく溶ける。そこでニトロセルロースをニトログリセリンで練った無煙火薬がつくられるようになった。

ニトロセルロースをエーテルやアルコールで練ったものを「シングルベース」といい、ニトログリセリンで練ったものを「ダブルベース」という。

ダブルベースはシングルベースより強力だが、燃焼温度が高く、砲身の寿命を縮めるので、これにニトログァニジンを加え、ガス発生量のわりには燃焼温度を低く押さえたものを「トリプルベース」というが、これは大砲用にしか用いられていない。小火器にはたいていシングルベース、一部でダブルベースが用いられている。

無煙火薬は時間の経過とともに自然分解する性質を持っている。発明当初は、しばしば爆発事故を起こした。

製造工程で酸が残っていると危険なので、よく洗って酸を取り除くのだが、どうしても自然分解する。分解するにつれて酸を出し、それがさらに分解を促進してついには爆発に至る。そこで、この酸を中和して、少しずつ分解はしても爆発まではしないように安定剤が加えられる。

安定剤としては、初期にはワセリンやジフェニルアミンが用いられていたが、現在では安定剤にも膏化剤にもなるセントラリット、アルカジット、ジフェニルウレタンなどが用いられている。

とにかく無煙火薬の自然分解する性質はいかにしても防ぐことができない。といっても最近の製品は品質管理がよく、5年や10年保存しても自然発火どころかほとんど変質しない。しかし、古くて変質しかかっている無煙火薬は、なにやら酸っぱい匂いがしたり湿ったような感じがする。そうした発射薬を鉄の容器に入れておくと容器に錆が出る。そうした状態は危険信号である。

85　発射薬の燃焼速度

散弾銃用の発射薬もライフル銃用の発射薬も化学的な成分はおなじである。しかも、もしライフル銃に散弾銃の発射薬を使用したら銃は破壊されてしまう。逆に散弾銃にライフル銃用の発射薬を使用したら発射薬はほとんど燃焼しないで散弾とともに銃口からばらまかれ、弾はほとんど飛ばないだろう。これは成分がおなじでも粒の大きさが違い、そのため燃焼速度が違うからである。

おなじ重量の木材を燃やしても、割り箸を集めたようなものと丸太のようなものでは、割り箸のほうが速く燃える。

発射薬もおなじであって、粒の大きなものほどゆっくり燃え、粒の小さなものほど速く燃える。そして、発射薬は使用する銃砲の種類に応じた燃焼速度をもっていなければならない。すなわち、弾が銃腔を通り抜けるときの抵抗の大きい（つまり弾が重い、あるいは摩擦が大きい）ものほど燃焼速度は遅くなければならない。

ライフル銃は銃腔にライフルと呼ばれる、銃身を通過してやっと1回転するくらいのゆるやかに回転している数条の溝が施されている。溝と溝の間には山がある。弾丸はこの山に食い込むことにより回転をあたえられるのだが、その抵抗は大きく数百キロの力を要する。ところが、散弾銃の銃腔にはライフルは施されておらず、滑らかであるから、弾丸が通過する抵抗は数十キロにすぎない。

そこで、もし抵抗の大きなライフル銃に速燃性の散弾用発射薬を使用すると、抵抗が大きくて弾丸はなかなか前進しないのに発射薬はどんどん燃焼して圧力が上昇する。発射薬は圧力が高ければ高いほど速く燃焼する性質がある。圧力が上がれば弾を前進させる力も増すこ

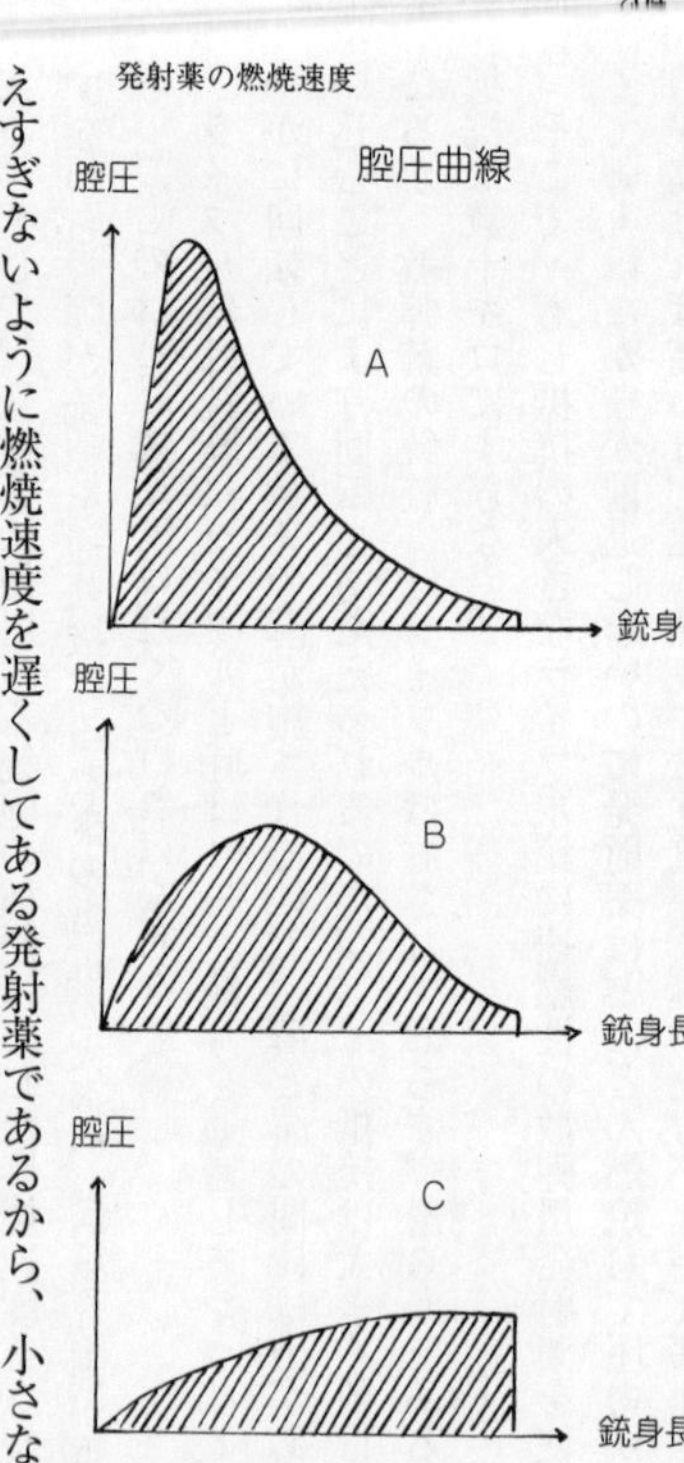

とは増すのだが、それ以上に急激に圧力が上昇して弾が飛び出す前に銃が破壊される。

逆に抵抗の小さい散弾銃にライフル用の発射薬を使用すると、強い抵抗、高い圧力のもとで速く燃えすぎないように燃焼速度を遅くしてある発射薬であるから、小さな抵抗しか受けないとほとんど燃焼せずに銃口から撒き散らされることになる。

しかし、ライフル用といっても22リムファイアのような小さな弾の場合には抵抗は小さいので、散弾銃なみの速燃性の発射薬が使用される。

また、おなじ口径でおなじ重さの弾丸を発射するのでも、弾丸の速度を上げようとして発射薬の量を増やすならば、燃焼速度の遅い発射薬を使用しなければ圧力が上がりすぎることになる。

だからライフル銃でも使用する弾薬によって、ずいぶん発射薬の燃焼速度は違うので、どのライフル実包もおなじ発射薬を使用しているわけではない。散弾銃でも口径により詰められる散弾の量によって燃焼速度の異なる発射薬が使用されなければならない。

そのようなわけだから、小銃用の発射薬と大砲用の発射薬が違うのはもちろんのこと、大砲用の発射薬も砲の口径と弾の重さ、使用する発射薬の量によって燃焼速度の違うものが用いられる。

P.204の図は、銃腔内部における腔圧の変化を表わしている。弾丸を推進するエネルギーは斜線部分の面積に比例する。

Aは燃焼速度の速すぎる発射薬で、弾丸にあたえるエネルギーのわりに腔圧が高く、銃身の負担は大きい。このような発射薬はもう少し軽い弾丸を使用するとBのような燃焼をするようになる。

Bは適度な燃焼速度の発射薬で、弾丸にあたえられるエネルギーは大きいわりに腔圧はあまり高くないので、比較的に薄い銃身から安全に高速の弾丸を撃ち出すことができる。しかし、弾丸を重くするとAのようになる。

Cは燃焼速度の遅過ぎる発射薬で、まだ燃え切っていない発射薬が銃口から飛び出してロスが大きい。このような発射薬はもう少し弾丸を重くしてやるとBのような燃焼をするようになる。

86 爆燃と爆轟

火薬の利用価値は、その急速なエネルギー放出にあるが、用途によっては反応が早すぎてはいけないこともある。

たとえば、銃砲弾の発射にはニトロセルロースを主成分とする無煙火薬がもちいられるが、もしここにTNTやダイナマイトのような爆薬を使うと、弾丸が飛び出す前に砲身が破裂してしまう。それでは量を減らせばよいかというと、砲を壊さないほど量を減らすと、こんどはほとんど弾が飛ばないことになってしまう。

これはTNTなどの爆薬の「爆轟（Detonation）」と呼ばれる反応が黒色火薬などの「爆燃（Deflgration）」とはケタ違いの「爆速（Velocity of explosion）」を持っているからである。

すなわち、爆燃というのは木炭や薪の火が燃えるのと同様に、一端に点火してやるとそこから段々に燃え伝わってゆくわけで、ただその速度が秒速200〜300メートルであるというだけである。

ところが、爆轟というのは、ただ燃えるのが速いというだけの現象ではない。爆轟の反応は爆薬の塊の中を秒速数千メートルの衝撃波が走り、これによって爆薬の分子構造がゆすぶられ（火が燃え伝わってではなく）反応を起こすのである。

爆轟が爆薬が燃える反応でないことは、TNTやダイナマイトに火を付けてみればわかる。これらの爆薬は火を付けただけでは爆発せず、ただ燃えるだけである。これに雷管を装着し、雷管の爆発による衝撃をあたえてやって、はじめて爆発する。

つまり、人間の見た目には黒色火薬や無煙火薬の爆燃もTNTやダイナマイトの爆轟もおなじ「爆発」に見えるけれども、じつは爆燃と爆轟はまったく別の反応である。

爆燃する性質の火薬類を単に「火薬（Powder）」または「緩性火薬類（Low explosives）」といい、爆轟する火薬を「爆薬（Explosives）」または「猛性火薬類（High explosives）」という。

緩性火薬類も猛性火薬類も、その反応によって生じる熱エネルギーやガス発生量に大きな差はないのであるが、猛性火薬類はあまりにも反応が急速であるため瞬間的に強い衝撃をあたえ、破壊の用途にしか使えない。

火薬のなかにはダイナマイトのように火を付けただけでは爆轟しないものもあるが、雷汞やトリシネート、DDNPのように火を付けただけで爆轟し、爆燃することはないものもある。また、無煙火薬（ニトロセルロース）のように、火を付けた場合には爆燃するが、起爆薬で起爆してやると爆轟するものもある。

87　弾丸の形状

遠距離射撃をするには、弾丸が受ける空気抵抗が少ないほどよい。だから遠距離射撃を重視した弾丸は、①のように尖った形につくられる。これを尖頭弾（pointed bullet）といい、

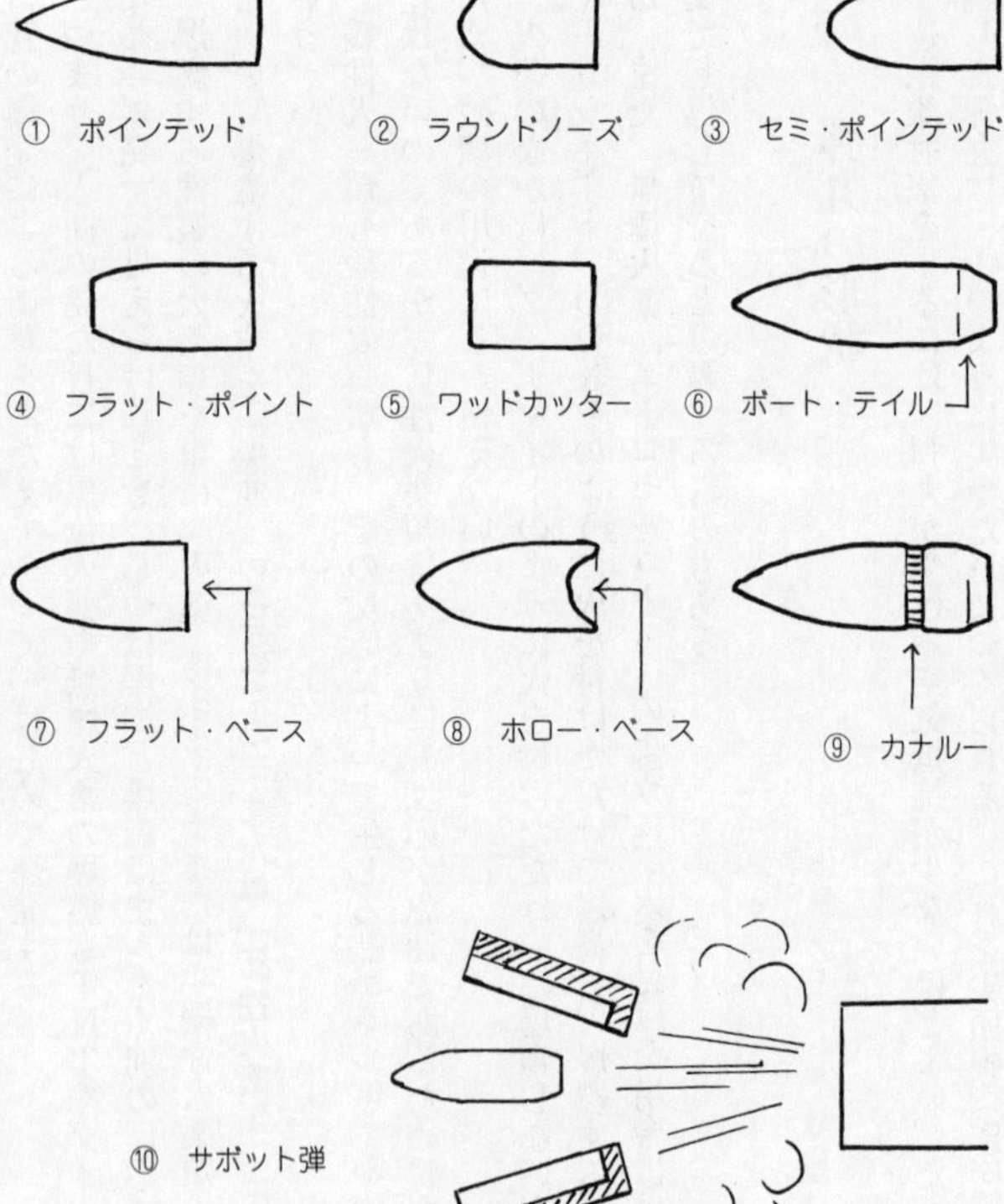
① ポインテッド
② ラウンドノーズ
③ セミ・ポインテッド
④ フラット・ポイント
⑤ ワッドカッター
⑥ ボート・テイル
⑦ フラット・ベース
⑧ ホロー・ベース
⑨ カナルー
⑩ サボット弾
サボ

とくに尖鋭なものを尖鋭弾（スパイアー・ポイント弾 spire pointed bullet）というが、どれくらい尖っていればスパイアー・ポイントになるのかという基準はない。

弾丸を尖鋭につくると遠距離射撃には有利だが、弾丸が細長くなるとカートリッジが長くなり、すると弾倉や遊底も長くなり、銃もそれだけ重くなる。

また、おなじ重量の弾丸の場合、遠距離射撃を重視しないなら、細長い弾丸より太短い弾丸を発射するほうが銃にかかるストレスは小さく、また命中精度もよい。そこで遠距離射撃はしない、と割り切れば尖頭弾でないほうが有利な面もあるので、②のような円頭弾（ラウンドノーズ round nose）や、③セミ・ポインテッド（semi pointed）も猟用弾には多く用いられているし、拳銃弾は当然、ほとんどラウンドノーズである。

④のように頭の平らなものをフラット・ポイント（flat point）とかフラット・ノーズ（frat nose）という。これは空気抵抗の面からは不利なのだが、チューブ弾倉の銃に装塡したとき、尖頭弾だと弾の先端が前方に置かれたカートリッジの雷管にあたるので、あえて平頭弾にするわけである。近距離射撃にかぎれば、平頭弾の弾道は安定しており、精度はわるくない。

また、軍用弾でも、金属などの硬い目標に尖頭弾が斜めにあたるとすべってしまうが、平頭弾だと食い込むので機関砲弾に用いられたりしている。

尖頭弾を水面に撃ち込むと直進せず、跳ね上がるか急沈下するかだが、平頭弾は水中を直進する。そこで船を撃つ砲弾は平頭弾にすると、目標のやや手前に着弾しても砲弾が水中を直進して命中してくれるのである。この原理は捕鯨砲のモリにも応用された。

⑤のように極端な平頭弾がある。これはワッドカッター（wad-cutter）といって拳銃射撃競技に使われるものである。円頭弾で標的を撃つと、弾の中心がどこにあったかよくわからない穴のあきかたをする。そこでワッドカッターを使うと弾丸の直径のとおりの丸い穴をくり抜いてくれるので、正確な採点ができるわけである。

弾丸が高速で飛行すると、押し退けられた空気がすぐに弾丸の後ろに回りこめないで、弾丸の底に真空ができる。これが弾丸を後ろ向きに引っ張る力となって弾丸の速度を落とす。そこで⑥のように弾丸をしりすぼみの形につくってやると、底部に空気が流れ込みやすくなる。このしりすぼみの形をボート・テイル（boat tail）という。

遠距離射撃をするのでなければボート・テイルにする必要はなく、⑦のようなフラット・ベース（flat base あるいはスクウェア・ベース square base ともいう）や⑧のようなホロー・ベース（hollow base）のほうがよい。それは弾底部が発射のガス圧で押し広げられ、銃腔に密着するので命中精度が向上するからである。

薬莢にはめこまれている弾丸の、薬莢の口に接する部分に⑨のような溝が施されている場合がある。この溝をカナルー（cannelure）とかローレットともいう。これは、薬莢の口の部分をこの溝に絞り込んで弾丸と薬莢を強く結合するためのものである。

カナルーがなくとも、この部分はかなりしっかり締め付けられているもので（使い方によっては、かならずしも強く締め付ける必要もないが）、普通はカナルーは必要ではない。しかし、チューブ弾倉の銃の場合、発射の反動で弾倉内の弾頭が前方のカートリッジとぶつかり、弾頭が薬莢のなかにめりこむ例もあり、この場合、カナルーが施される。また、戦場で乱暴に扱われる軍用弾（とくに機関銃弾）では、しっかりと結合するためにカナルーを施す例が多い。さらに、カナルーを施しておいたほうが命中時の衝撃で弾が砕けるのをいくらかでも遅らせることができるので、貫通力を重視する軍用弾では、弾丸の強度を増す目的でカナルーを施し、あるいは猟用弾をエキスパンションしすぎないようにコントロールする目的でカナルーを施す場合もある。

⑩はサボット弾である。小さな弾丸を口径いっぱいの直径の、プラスチックやアルミニウムの「装弾筒＝sabot」でつつんでやる。サボは銃口を離れるとすぐに空気抵抗で弾丸から分離し、細い弾丸だけが高速で飛んで行く。この方式の高速弾は第二次大戦中から対戦車砲弾に用いられた。しかし、小火器に用いた場合、命中精度がよくないようである。

88　弾丸の構造

弾丸のことを「Bullet」という。釣りのおもりなど、鉛の小片のことで、砲弾はブレットとはいわない。カートリッジの頭だから、「弾頭」と呼ぶ人も日本には多い。

弾丸は普通、鉛でつくられる。それは柔らかな金属だから加工しやすく、銃腔を摩耗させにくいし、なによりも密度が高いから空気抵抗に打ち勝って遠距離まで速度の低下が少ないからである。だから鉛よりは金、金よりはウランのほうがいいのだが、金を弾丸にして撃ちまくったら破産するし、ウランの弾丸は放射能汚染を引き起こすというようなわけで、鉛が選ばれるわけである。

しかし、対戦車砲弾など特殊な目的の砲弾にはウランが使われた例もある。第三次大戦に備え、アメリカ軍がソ連の戦車を撃ち抜くためにウラン合金の徹甲弾をつくり、湾岸戦争で実際に絶大な威力を発揮したが、あとに汚染の問題を残した。

ウランほどの貫通力を持たないが、比較的高価でも徹甲弾に利用される金属としてタングステンがある。

また、軍用弾のように大量に消費されるものでは鉛代も馬鹿にならないので、軟鉄の弾丸も試みられたことがあるが、やはり銃腔の摩耗が早いし、遠距離射撃には不利なので、ほとんど用いられない。ただ、部分的に鉄その他の材料を用いた例は多くある。

弾丸の主成分は鉛であるが、純粋な鉛は軟らかすぎて変形しやすいので、数パーセントのアンチモンなどを入れて硬くしてある。昔、弾丸は鉛を熱で溶かして鋳型に流し込んでつくっていた。これをキャスト・ブレット（Cast bullet）という。

弾丸の速度が200〜300m／秒だった時代にはキャストブレッドでよかったが、弾丸の速度が超音速になってくると鉛の弾丸では強度不足で、木の葉にあたってもばらばらに砕けてしまい、また著しく銃腔に鉛が付着するようになったので、十九世紀末から鉛を銅でつつんで補強するようになった。弾丸の主体をなす鉛の芯をコア（Core）、それをつつむ皮のことをジャケット（Jacket）と呼び、先端までジャケットでつつんでいるものをフルメタルジャケットという。軍用の普通弾である。

ジャケットの材料は、一般に銅90〜95パーセント、亜鉛5〜10パーセントくらいのほとんど銅色の合金が用いられているものが多いが、ニッケルを加えたものもある。昔の日本軍の三八式歩兵銃などに使われていた6・5ミリ弾はニッケルを多くふくむ銅合金で、白い色の弾頭だった。また、亜鉛の含有が多い黄色のジャケットの例もある。

第二次大戦中のドイツ軍や大戦後のソ連では、鉄のジャケットを使用している。鉄は錆やすいので塗装をしたりパーカーライジング処理をしたり、あるいは銅メッキをかけたりしている。

ジャケットの上にテフロン・コーティングをすると摩擦が減少し、弾丸の速度を上げ、貫通力を増し、銃腔の寿命を伸ばす効果があるが、コスト高になるため普及しなかった。それよりも最近は、二硫化モリブデン・コーティングが普及しつつある。

アメリカでは、鉛の拳銃弾をナイロンでつつんだものもある。これは室内射撃場の鉛汚染を防止するためにとられている処置である。

弾頭には、さまざまな構造のものがつくられている。それについて詳細に記述するとかなりの量になるので、ここでは基本的なものについてのみ概説する。

軍用弾の普通弾のことを英語では「ball」と呼んでいるが、これは昔、弾丸が球形だった時代の名残りで、そう呼んでいるだけであって、実際に球形をしているわけではない。だか

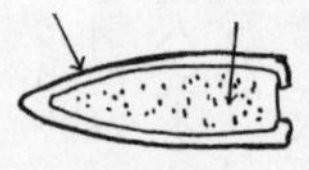

①フルメタルジャケット

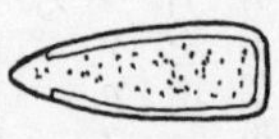

②ソフトポイント

③エキスパンション

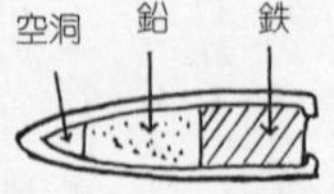

④ロシアの 5.45mm 弾

⑤パーテーション

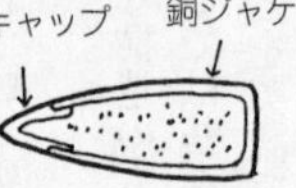

⑥シルバーチップ

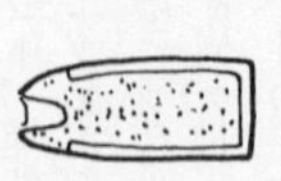

⑦ホローポイント

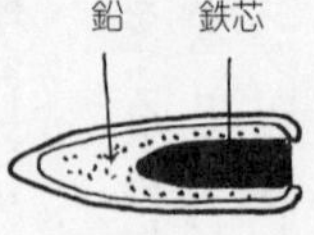

⑧徹甲弾

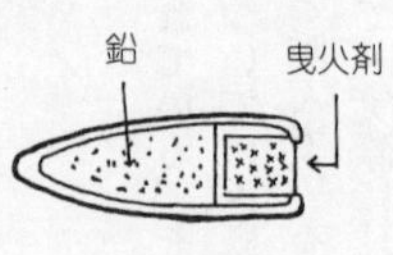

⑨曳光弾

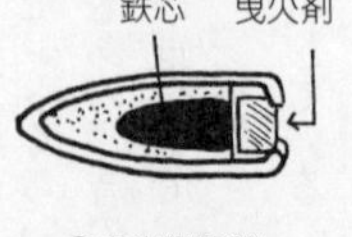

⑩曳光徹甲弾

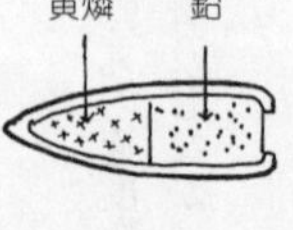

⑪焼夷弾

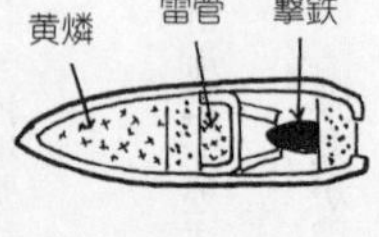

⑫炸裂焼夷弾

ら英語の文献にBall cartridgeとかball bulletということばがでてきたとき、これをボール実包とかボール弾とか訳してはいけない。

そのボール・ブレットの構造は①のように、鉛のコアを銅（または鉄あるいはその他の合金）でつつんでいるのだが、プレス加工でつくられるので、底だけつつまれておらず、鉛が見える。しかし、底をつつんでいなくとも、このようにジャケットでつつまれた弾丸をフルメタルジャケット（full metal jacket）弾と呼ぶ。

ところが、②のように狩猟用の弾は軍用弾と異なり、底からジャケットでつつんであって、先端に鉛が露出している。これをソフトポイント（soft point）とか、ソフトノーズ（soft nose）という。

このような弾丸は動物の体に命中すると③のように、きのこ状に潰れて拡がり、甚だしいときには体にめりこんでから砕けることになる。当然、フルメタルよりも大きな傷をつくる。だから軍用弾よりも猟用弾で撃たれるほうがダメージは大きくなる。この弾丸がつぶれることをエキスパンション（expansion）とかマッシュルーミング（mushrooming）といい、このような性質の弾丸をエキスパンディング・ブレット（expanding bullet＝拡張弾）という。

拡張弾を軍用では「ダムダム弾」と呼ぶが、それは昔、インドを植民地にしていたイギリスが、インドのダムダム兵器工場でこれを生産したところからこう呼ばれるようになったものである。しかし、ダムダム弾を戦争に使うことは国際法で禁じられている。だから軍用弾はフルメタルである。

ベトナム戦争のとき、北ベトナム軍は突撃を成功させるため、あらかじめ兵士にモルヒネをあたえ、撃たれても痛みを感じないようにして突撃させ、対するアメリカ軍は敵の体に大穴をあけてこれを撃ち倒そうと、現場の兵士がフルメタルの先端にナイフで傷をつけてダムダム弾にして使用したという話が伝わっている。

ソ連がアフガニスタンで使用した5・45ミリ小銃弾は、フルメタルであっても④のように先端に空洞があり、命中すると、ここからジャケットが折れてダムダム弾となる。なお、この図でわかるように、この弾丸のコアは前半部は鉛、後半部は鉄である。弾丸を理想的な形状にし、かつ、ある重量になるように設計しようとするとき、鉛をジャケットでつつむだけでなく、比重調整のために鉛以外の金属を使うということは軍用弾にはしばしばみられる。なかには部分的にアルミを使った例もある。

エキスパンションの効果は弾丸の速度が早いほど大きく、秒速600~700メートルくらいになるとほとんど砕けそうになる。だから大物猟用のマグナム・ライフルの弾になるとエキスパンションは必要だが、獲物の表面で砕けてしまわないように、ある程度めり込んでからエキスパンションするくふうが必要になってくる。⑤はパーテーション（partition）と呼ばれているもので、前半部は砕けても後半部は砕けにくくしている。

⑥は、ジャケットとは別に薄いアルミニウムで頭部をつつんで、これによってエキスパンションを遅らせようというもので、部分が白く光っていることからシルバーチップ（silver tip）と呼ばれている。

逆に速度が遅い場合にはエキスパンションしにくいので、エキスパンションしやすくするために⑦のように先端に凹みをつけたりする。高速ライフル弾の穴は小さいが、弾丸の速度が遅いほどこの穴は大きくなければならないので、拳銃弾にはかなり大きな凹みが付いているものがある。このように先端に凹みのあるものをホローポイント（hollow point）という。

⑧は徹甲弾（armor piercing）である。鉄板を撃ち貫くための硬い鉄芯を鉛でつつみ、その外側をジャケットがつつんでいる。

⑨は曳光弾（tracer）で、弾の底に硝酸バリウムなど明るい光を出す火薬が入っており、その光で弾が飛んでいくのが見える。

⑩は曳光徹甲弾（armor piercing tracer）である。

⑪は焼夷弾（incendiary）で、焼夷剤としては、たいてい黄燐が使われている。黄燐は空気に触れると常温で自然発火するので、命中の衝撃で弾が砕けて黄燐が飛び散って火がつくわけである。

⑫は炸裂焼夷弾（explosive incendiary）である。⑪のように着弾の衝撃で弾が裂けて飛び散るのではなく、着弾の慣性で撃鉄が雷管に激突して爆発、それによって焼夷剤を飛び散らせるという手の込んだもので、第二次大戦ころドイツでつくられたし、ほかにもおなじようなものをつくった国はあるようだが、小さな銃弾にこんなに凝っても実用的でない、ということでつくられなくなってしまった。

89 ハンドローディング

一度撃った空薬莢は、雷管、火薬、弾頭を詰め直してまた使える。これを「リローディング」という。また、自分で簡単な工具を使って手作業でこの作業をすることを「ハンドローディング」という。

ライフル実包の値段の半分は薬莢代だといわれているくらいで、薬莢を再利用できれば安くライフル実包をつくることができる。もっとも、ロシアや中国製の弾がずいぶん安く出回っていて、その安い弾を使えば手間をかけて自分でリロードすることもない、といえるが、自分でつくったほうが自分の銃にぴったりの精密な実包をつくれる、ということでリローディングをする人は多い。

もっとも、既製品の弾より自分で詰めた弾のほうがあたる、というのは、それだけの精度のよい銃と、いろいろ細かいノウハウがあってのことで、猟で獲物にあたる、あたらないということとはまったく次元の違う世界のことである。

一度撃った薬莢を、もう一度薬室に入れようとしても入らない。微妙に膨らんでいる。これを「リサイズ・ダイ」でプレスしてもとのサイズにもどす。

ボルトアクションなど自動銃でない銃で撃った場合、薬莢全体を絞り直さなくても首の部分だけ絞り直す「ネック・リサイズ」で、少なくとも自分の撃った薬莢は自分の銃には使える。そして、そのぴったりすぎる薬莢を使うことが命中精度上よいのだが、ひじょうに微妙な寸法のことなので、夏に撃った薬莢を首だけ絞ってハンドロードし、冬に撃とうとしたら装填できなかった、ということもある。実戦で使う弾はフル・リサイジング、つまり首だけでなく全体を絞り直さなければならない。

普通の射手には関係のない話だが、超精密射撃の世界では、薬莢のメーカーの異なるものを混用してはならない。微妙に厚みや金属の硬さが違うからだ。とくに底のほうの厚みはメーカーによる違いがあり、それは火薬の燃えはじめの段階で火薬の燃える空間の形や容積が違うということなのだ。

金属の硬さといえば、1発撃つたびに薬莢の硬さは変わってくるから、発射回数の異なる薬莢も混用すべきではないし、厚みといえば首の厚みも精密に揃えないと薬莢と弾頭の結合力がバラつく。まあ、狩猟レベルの射撃には関係のない超精密射撃の世界の話だが。

普通の射手でも違いが出るのは雷管である。メーカーの違う雷管を使えば、弾着点は違って出る。

もっと違うのは発射薬。さまざまな種類の発射薬が市販されている。これはハンドロードする人のために弾頭メーカー数社がデータブックを発行しているから、よく読んで変なことはしないよう心がけないと命にもかかわる。まあ、普通は、薬莢の口いっぱいまで入れても安全な燃焼速度の火薬の種類を選択しておけば大きな間違いは起こらないわけだが。

データブックの数字プラス自分の経験に基づいた構想によって発射薬量を決定し、精密なハカリで1グレイン（0・064グラム）の誤差もないように量って薬莢に詰める。

弾頭を装着する「シーティング・ダイ」というのを使って、薬莢に弾頭を押し込む。薬莢の口から弾頭をどれだけ出すかということも問題で、普通はライフリングのはじまる斜面に弾頭がぴったり接するように調整する。

こうして、自分の銃だけのための特別製の実包が出来上がった。さあ、どういう結果が出るか、射撃場へ行こう。

90 空包、狭搾弾、擬製弾

軍隊の訓練、あるいは鳥や獣を殺さずにただ脅かして追い払うために、音だけ出す空包が使用される。

空包は、実包から弾丸を抜けばできるというものではない。無煙火薬というものは、ある程度の圧力がかからないと正常に燃焼しないものである。実包の、ひじょうに強い抵抗のある弾丸を押し出してゆく圧力下で正常に燃焼するようにできている発射薬は、かりに空包用として使ったならば、雷管の火炎を受けても燃焼せずに銃口から飛び出してまき散らされるだけである。

空包には、きわめて燃焼速度の早い、低い圧力のもとで燃焼するように調整された発射薬が使用されなければならない。逆に、その空包用の火薬を実弾に使ったら銃が破壊されることになる。また、空包は実弾より圧力も反動も小さい（というよりほとんどない）から、機

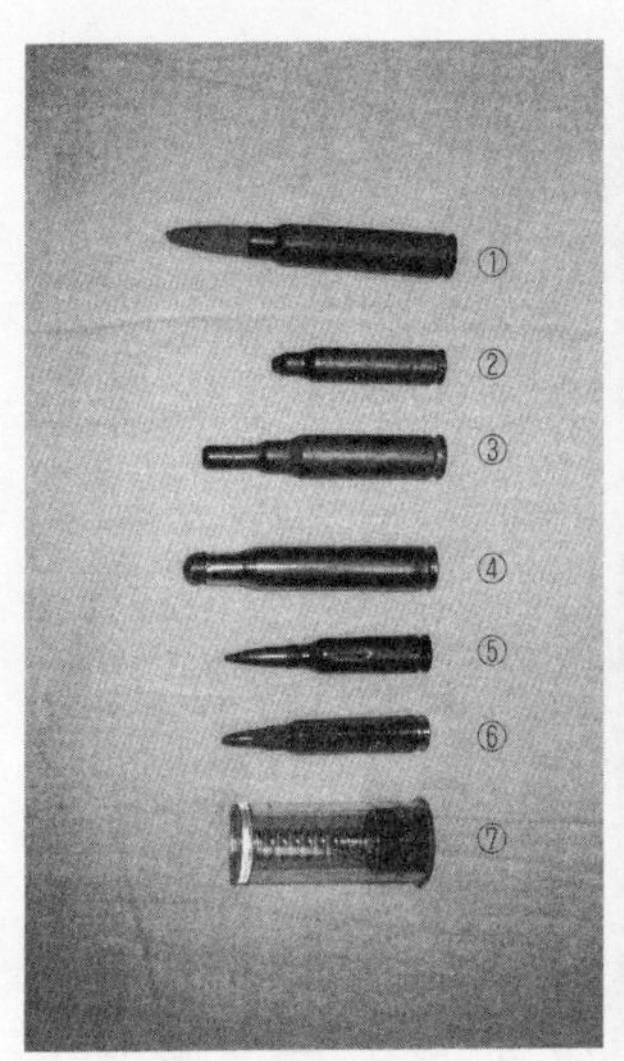

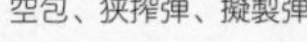
空包、狭搾弾、擬製弾

ハンドローディング用のプレス

関銃などの自動銃は、そのままでは正常に機能せず手動式になってしまう。

そこで、銃口の穴を小さくするような金具を取り付けてガス圧を高くし、反動を強めるくふうが必要となる。

弾丸の付いていない空包は、何かで蓋をしなければならない。そこでの木の弾丸が付いているものがつくられたこともある。第二次大戦ころまでは、日本やヨーロッパでもよく使われた。しかし、いくら木の弾丸だといっても数十メートルは危険だから、最近はこのタイプは用いられない。

写真①は旧日本軍のもので、紙の弾丸の付いた空包である。

写真②は米軍の空包で、薬莢の首の部分を星形に絞ってある。

写真③は自衛隊の空包で、首が細長く延長されて実弾とほぼおなじ長さになっている。これは7・62ミリでも5・56ミリでも米軍は星形に絞り、自衛隊は首を長く延ばしている（最近自衛隊にも星形に絞ったものがあるようだ）。

写真④は狭搾弾である。軍隊ではじめて射撃をする新兵に、いきなり音と反動の大きな実弾を撃たせるのはよくないというので、少しの火薬で軽い弾丸を発射して無理なく射撃に慣れるようにしようというものである。帝国陸軍にはあったが、自衛隊には新隊員教育用の狭搾弾はない。しかし戦車の同軸機銃の訓練用にプラスチック弾頭の狭搾弾がある。

擬製弾というのは、実包の形をしているが火薬はまったく入っていないものである。真鍮などの材料からカートリッジの形に削り出したものもあれば、空薬莢に弾丸を取り付けたものもある。射撃をしないで銃の機能を確認したり操作の練習をするため、実包のかわりにこれを用いる、あるいは見本や飾り、教材として用いられる。なかには、銃を分解・手入れするための工具としての機能を持った擬製弾という例もある。

擬製弾は実弾と間違えないように横穴をあけてあったり、あるいは写真⑤（ロシアの5・45ミリ弾）のように縦溝を施したりしている。

写真⑥⑦は空撃ち用擬製弾である。「カシャン、カチン」と空撃ちをするのは実弾を撃つよりも撃針を早く傷めるということで、雷管部分にバネ入りの緩衝体が入った擬製弾を使用するのである。⑥は223レミントン用のものであり、⑦は12番散弾銃用である。

91　口径の話

西部劇によく登場するコルト・ピースメーカーは、口径45である。アメリカの戦争映画に出てくるM2ブローニング重機関銃は口径50である。この45とか50とかいうのは、インチ（1インチは25・4ミリ）表示で100分の何インチかを表わしている。

ミリメートルでいうと50は12・7ミリ、45は11・4ミリ、30は7・62ミリである。300ホーランド・マグナムとか、303ブリティッシュというカートリッジがある。これは1000分のインチで表わしており、300というのも30というのも、じつはおなじである。どのような種類のカートリッジは1000分のインチで表わし、どのようなカートリッジの口径は100分のインチで表わすという基準はなく、まったく気分の問題できめられる。

一般に口径はライフルの山径（rand diameter）で表わされる。弾丸はライフルの山に食い込んで回転をあたえられるのだから、弾丸の直径は口径より大きく、谷径に一致しなければならない（実際には、わずかに谷径より大きめがよい）。

そこで口径0・30インチの銃に合う弾丸の直径は0・308インチである。また、口径25の銃に使用される弾丸の直径は0・257インチであり、口径45の銃に使用される弾丸の

0.3インチ（7.62mm）カートリッジ各種
おなじ口径でも薬莢の寸法形状の異なるものがある

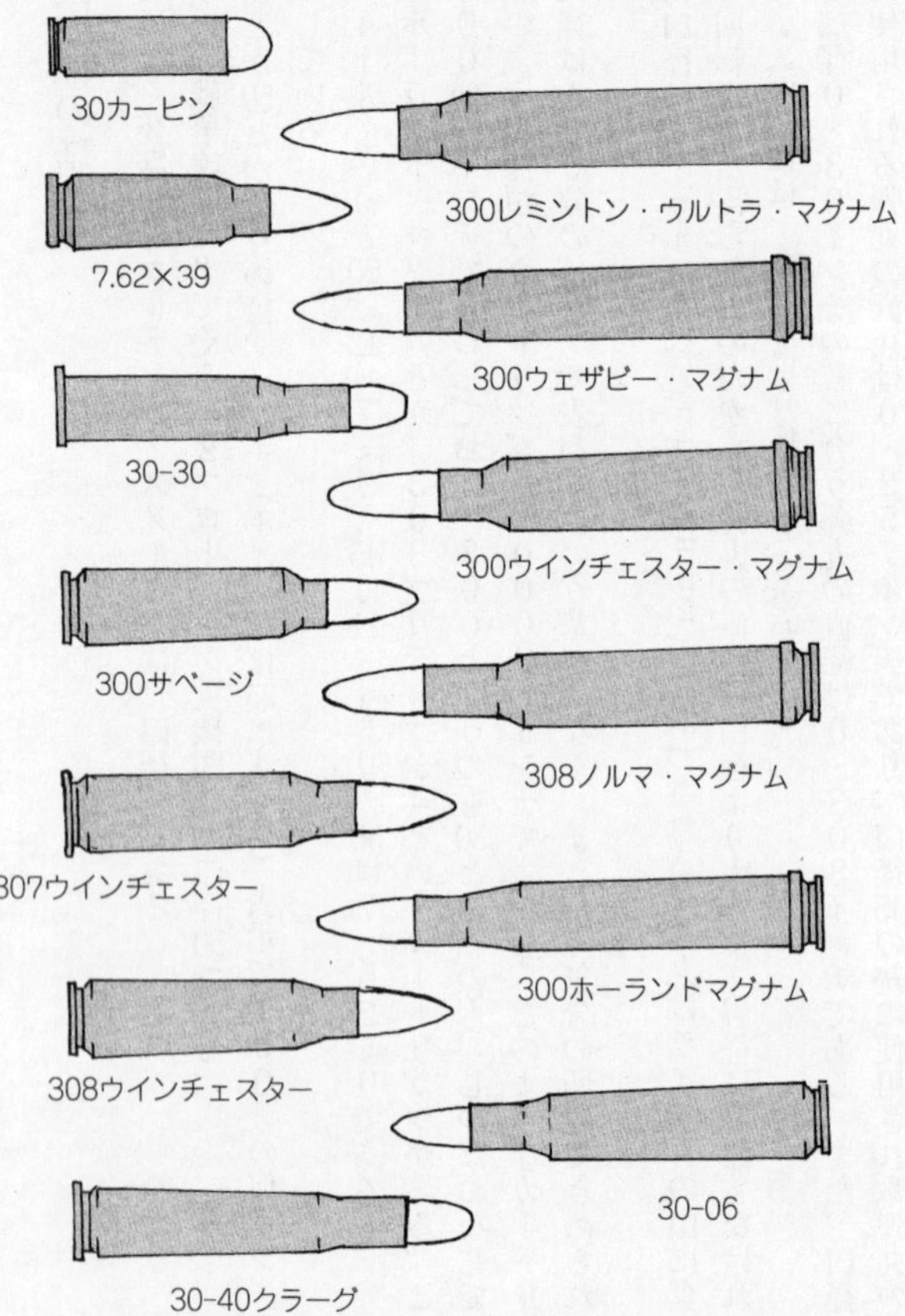

直径は0・458インチである。

これはミリ表示でも同様であって、口径7・62ミリの銃に使用される弾丸の直径は7・82ミリであり、口径6ミリの銃に使用される弾丸の直径は6・2ミリなのである。そして、カートリッジの表示は弾丸の直径ではなく銃の口径にあわせて表示され、弾丸の直径が0・458インチでもカートリッジは「45ロングコルト」、0・308インチでも「30カービン」などと呼ばれる。

だが、口径を谷径で表わしている例もある。8ミリモーゼルというのは谷径で、山径では7・92ミリである。だからドイツ軍のモーゼル98小銃の口径を、ある本は8ミリ、ある本は7・92ミリと書いている。

ところが、モーゼルはみんなそうかというと、7ミリモーゼルだと山径で、弾丸直径は7・12ミリなのである。

また、308ウインチェスターというカートリッジ（これは軍用7・62ミリNATO弾でもある）も山径表示であって、谷径では0・308インチである。308ノルマ・マグナムというカートリッジも同様である。

火縄銃などの先込め銃の時代には、弾丸の直径さえ合えば、どの銃にもその直径の弾丸は仕えたわけだが、薬莢を使う現代の銃では、口径がおなじであっても薬莢の寸法が違えば、まったく互換性はない。たとえば7・62ミリ（インチ表示では0・30）のカートリッジには、P.224の図のように多くの種類がある。

そこで銃の口径を表わす場合、口径といっても単に山径や谷径を、7・62ミリとか0・30とか表示するだけではどんなカートリッジを使うかわからないので、「30―06」とか「30カービン」とかいったカートリッジの名称を述べなければならない。

ところで、この名称の付け方には一貫した基準がなく、めちゃくちゃである。30―06というカートリッジの最初の30は口径だが、後の06というのは、それがアメリカ陸軍に採用された一九〇六年の06をとって付けている。しからば30―30は一九三〇年かというと、そうではなく、最初の30はたしかに口径なのだが、後の30はこのカートリッジが開発された当初、黒色火薬30グレインが詰められていたことを表わしている（現在、無煙火薬が30グレイン入っているわけではない）。

黒色火薬時代、45―70―500というカートリッジがあった。これは45が口径を、70が発射薬量、500が弾丸重量をグレインで表わしている。

25―3000サベージというカートリッジがある。25はもちろん口径だが、3000というのは弾丸の初速が3000フィート／秒であることを誇って付けた名である。

ところで、アメリカでは「ワイルドキャット・カートリッジ」なるものがしばしばつくられる。ワイルドキャットというのは山猫のことだが、べつだん山猫を撃つためのカートリッジというわけではなく、すでにある薬莢を改造して新種のカートリッジをつくり出すことをいい、たとえば30―06を25口径に細くし（ネックダウンという）、軽量高速弾をつくったりすることをいう。鉄砲好きの多い、また趣味で何かをつくり出すことの好きなアメリカではよく行なわれ、そうしたなかには、なかなか高性能のものも出現し、大メーカーで大量生産されるようになるものもある。

そうしたものの名称は、さらに混乱をきわめることになる。

３０―０６を２５にネックダウンしたものは２５―０６と呼ばれ、２２３レミントンを０・１７インチにしたものは１７―２２３と呼ばれている。

アメリカのカートリッジ名は、かならずしも正確な口径を表わしているとはかぎらない。たとえば、38スペシャルというカートリッジは、アメリカでも日本でも警察の拳銃によく用いられているものだが、じつは、この口径は０・３５７インチである。これは十九世紀に口径０・３５７インチ（36と呼ばれていた）のパーカッションリボルバーがかなり出回っていたのだが、これとおなじ口径のカートリッジ式リボルバーを売りだしたとき、従来のものより強力な印象をあたえたくて、薬莢の外径の数値をもってきたのだといわれているが、昔のことなのでよくわからない。

ともかく、アメリカで38と称しているカートリッジは３８―４０（いまではまったく使用されていないが、これは口径０・４インチで、表示より実口径のほうが大きいという珍しい例）以外は、みんな０・３５７インチである。

また、これも古い例ではあるが、41コルトは０・３８８である。４６０ウェザビーという象狩り用カートリッジがあるが、じつはこれも０・４５８インチである。これも４５８ウインチェスターという象撃ち用カートリッジがあったところへライバルとして登場したので、より強力な印象をあたえようとして、実際より大きな460という名称にしたのである。こんな調子でアメリカのカートリッジの名称は正確な口径を表わしてもおらず、命名方法も支離滅裂であるので、単に商品名だと思っておくべきである。

ヨーロッパでは、カートリッジを7・92×57というふうに2組の数字で表わすことが行なわれている。これは最初の7・92が口径を、後の57が薬莢の長さを表わしている。7・62×51Rのように、最後にRが付くものがあるが、これはその薬莢がリムド型であることを意味している。このヨーロッパ式の表示はまことに明快である。

口径を銃腔直径でも弾丸直径でもなく、適合する弾丸の重さで表わすことは昔、丸い弾丸を銃口から込めていた時代には普通に行なわれていた。日本の火縄銃は「六匁筒」とか「十匁筒」とか呼ばれていたし、ヨーロッパでは12分の1ポンドの弾丸を使用する口径を12番、20分の1ポンドの弾丸を使用する口径を20番と呼んできた。この呼びかたは現在でも散弾銃には用いられつづけている。

92 弾丸の速度

鉄砲の弾は、どれくらいの速度で飛んでいくのだろう? と思っても、昔の人にはそれを測定する手段はなかった。それでも大きな振り子を設置し(重さが数百キロもある)、その振り子に弾丸を撃ち込んで、振り子がどれくらいの振幅で揺れるかを測定し、そこから弾丸の運動エネルギーを計算し、弾丸の運動エネルギーの大きさから弾丸の速度を計算で出したりしていた。この方法だと小銃ていどでも重さ数百キロの振り子が必要で、大砲ともなると、とほうもない巨大な振り子をつくらねばならないが、実際にどれくらいの大きさの振り子までつくられたことがあるのか筆者は知らない。

やがて二十世紀になって電気的な測定技術が発達してくると、弾丸の飛翔コース上に2本の電線を張り、1本めの電線を切ってから2本めの電線を切るまでの時間を測定し、そこから弾丸の速度を算出するようになった。

2本の電線を正確に切るのは難しいので、網の目のように細かく配線した標的紙をつくったりするが、それも大変なので、やがて電線を切るのではなく、2ヵ所に設けたコイルの間に弾丸を通し、磁気変化で弾丸が通過したことを測定するようになり、やがて弾丸が通過したのを光学センサーで検知する方法が開発されて、いまでは弾丸の速度を測定する機械は、軍の研究所や銃砲・弾薬会社でなくとも個人でも買えるほど安いものになった。

また、大砲の弾などはドップラーレーダー、つまり野球のボールの速度の測定やスピード違反の取締りをしている、あれと原理的におなじレーダーで測定している。

弾丸は銃口から出た瞬間が最も速度が速く、その後、空気抵抗でだんだん速度が低下してゆくはずである。しかし、銃口から数十センチくらいは、後ろから爆風が吹き付けて少しは速度が増す。

昔、三八式歩兵銃で測定したところ、銃口から1・6メートルの位置で速度は最大になり、

ライフル弾頭の各距離における弾速と飛翔時間

弾種	距離	銃口直後	100yd	200yd	300yd	400yd	500yd
223	弾速	2800	2423	2077	1761	1483	1255
55Gr	飛翔時間	0	0.1152	0.2489	0.4059	0.5917	0.8121
6.5mm	弾速	2400	2231	2068	1913	1766	1627
140Gr	飛翔時間	0	0.1297	0.2693	0.4201	0.5834	0.7604
270	弾速	3000	2719	2454	2205	1970	1751
130Gr	飛翔時間	0	0.1051	0.2212	0.3502	0.4942	0.6557
308	弾速	2600	2416	2339	2070	1908	1755
168Gr	飛翔時間	0	0.1197	0.2487	0.3881	0.539	0.703

弾速はフィート/秒で表わしている。
距離はヤード、飛翔時間は秒。アメリカ人の考えることはわからん。弾の速度はフィートで表わし距離はヤードなんだから、どうしてヤード/秒にしないんだろう

12.7mm重機関銃の弾道			30-06弾の弾道	
距離yd	飛翔時間	最大弾道高	飛翔時間	最大弾道高
200	0.24	0	0.25	0.3
400	0.56	0	0.58	1.2
600	0.96	3	0.89	2.7
800	1.44	6	1.35	6.6
1000	2.01	15	1.91	13.8
1200	2.69	25		
1500	4.31	70		
1800	5.25	100		
2000	6.31	150		
3000	17.5	1200		

距離はヤード、弾道高はフィート。
つくずくアメリカ人の考えることはわからん。水平距離はヤードなのに高度はフィートで表わす

銃口位置より5m/秒速かった、という。もっとも実際に筆者が自分の銃と弾速計で同様の測定をしてみようにも、銃口のすぐ前に弾速計を置くと爆風で弾速計が吹っ飛んでしまう。数十センチ離しても、弾丸の速度ではなく爆風の速度でも表示しているようで、とんでもない数値が出る。もっとも筆者の弾速計がそうなのであって、電線を切る方式とかコイルのなかを弾丸を通過させる方式や、ドップラーレーダーを使う方式なら測定可能であろう。

弾丸の速度を銃口からどれくらい離れた位置で測定するかというのは世界標準の規則はなく、メーカーによって違うようであるが、7・5メートルの所で測定しているメーカーが多いようだ。

しかし、測定位置が銃口から3メートルでも7メートルでも

有意差はない。というか、そんなわずかな距離による違いよりも、1発1発のバラツキのほうが大きいからである。

よく書物に（この本にも）「初速419m／秒」などと細かい数値が書かれているが、じつは弾丸の速度は十数m／秒もバラついているものだ。何発か撃った平均値をとっても、気温や気圧の条件の違う日に撃てば、前回測定した平均値とは違ってくる。けれども、秒速十数メートルなどという速度の違いは、馬に乗ってこちらに向かって走ってくる者を撃つのと、馬に乗って逃げる者を撃つくらいの違いでしかないのだから気にするような数値ではない。

弾丸は空気抵抗でだんだん速度が落ちてくる。初速800m／秒で発射された弾だからといっても、800メートルむこうの目標に1秒では到達しない。1・6秒くらいかかる。

弾の速度低下がどれくらいのものかは弾の種類によっていろいろだが、代表的なものをいくつかP.230に表にしてみた。

93　弾道の話

弾丸が銃身のなかで加速されている間にも反動で銃も動き出している。命中精度を左右する要素は複雑であるが、重い銃ほど反動による動きは小さいから、一応、重い銃ほど命中精度はよくなる。

しかし、ともかく弾丸が銃身内にあるうちに銃は動くので、弾丸は引金を引く前に銃身が

弾道と照準線は2点でしか一致しない。
その2点以外では目標の上へ行くか下へいくかである

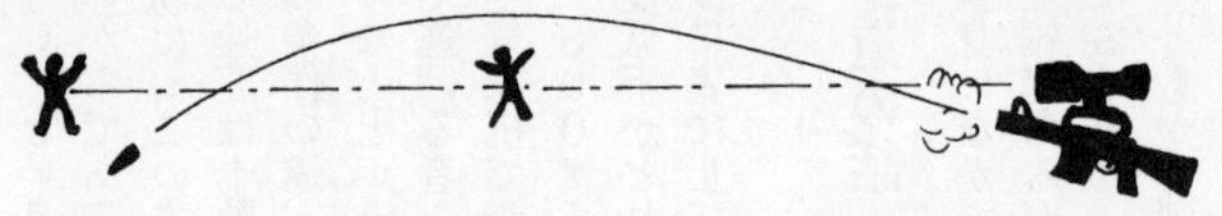

水平射撃で標的の中心に命中する場合、高い所や低い所の目標を撃つと、標的の中心より上に着弾する

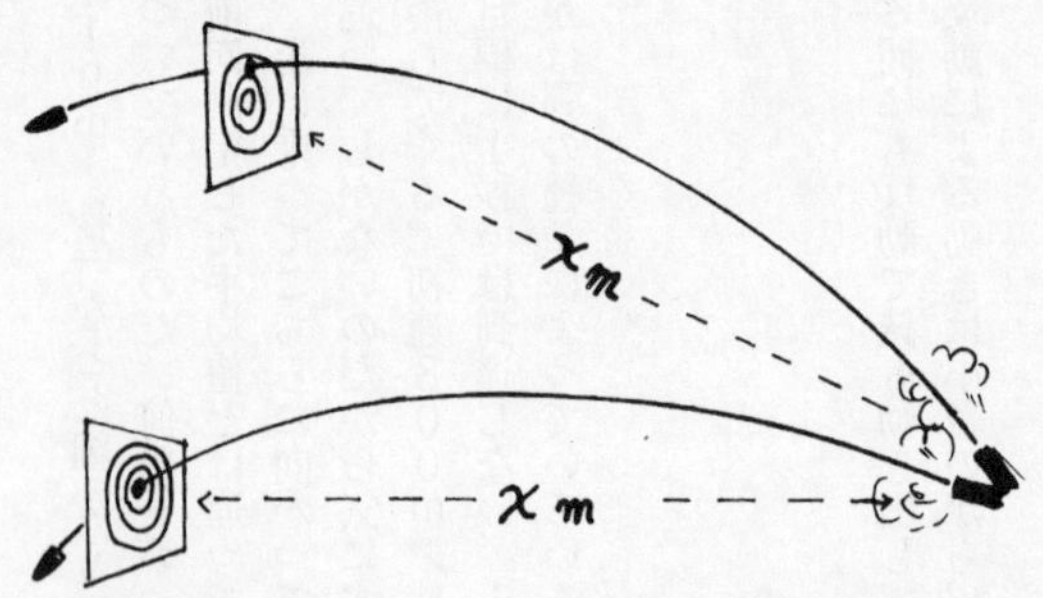

向いていた方向とは少しズレた方向へ飛び出す。それはいくらか上になるのが普通だが、人間が銃を肩付けして撃つので、反動の受け止め方によっては下になることもないではないし、左右にも出る。だから照準器を完全に銃身と平行に取り付けていても、弾は狙った方向とは少しズレて飛ぶので、照準器のほうを弾着の現実に合わせて調整してやらねばならない。

弾丸は、発射された

直後から引力に引かれて落ちる。どんな高速で発射しても1秒間に9・8メートルも落ちる。だから1秒間に1000メートルも飛ぶような高速弾でも、1000メートルもむこうの物に命中させようと思えば、見えている目標の10メートルも上を狙わねばならない。たいていの弾はそんなに速くない。初速800m／秒といっても、それは銃口から数メートルの所での測定値で、空気抵抗でどんどん速度は落ちる。

銃身はやや上向きに弾丸を発射する。目はまっすぐに目標を見ている。そこでP.232の図のように照準線と弾道は、弾が上昇してゆくときの1点と下降してゆくときの1点の2点で交わる。つまり、どんなに狙いが正確であっても、この2点以外では弾は上にゆくか下にゆくか、するのである。

そこで、たとえば、「目標まで100メートルなら5センチ下を狙う、300メートルなら真ん中を、400メートルなら15センチ上を狙う」というようなことを頭に叩き込んでおかねばならない。

そこで軍用ライフルには「照尺」といって、照門に距離に応じた目盛りが切ってあって調整できるようになっている。距離が遠いほど照門を上に上げる。すると目標をまっすぐ狙った状態で銃身は上を向くわけである。もっとも、これがどんぴしゃりではなく、銃一梃一梃ごとに微妙に違ったり、撃つ人によっても微妙に違ったりする。

スコープで狙う場合、単純な十字線のレティクルだと距離に応じて狙点を変えなければならないから、目盛り入りレティクルがいろいろ工夫されている。

遠距離射撃をすると、弾丸は引力で落下するだけでなく、風がなくても横へ流れる。弾丸が落下するということは、弾丸の下に風圧をうける。ところが、ライフル弾は回転している。回転体に力を加えると、その力はそのままの方向ではなく90度横に物体を押す。このため弾丸は横へ流されるのである。といっても、それは（銃と弾によって少々違うが、7・6ミリNATO弾クラスの弾でだいたい）1000メートルで60センチくらいである。普通の兵隊は1000メートルで60センチの誤差が問題になるような腕をしていないから、スナイパーにしか関係のない話だろう。

気温が高いと火薬の燃焼温度が高くなり、弾の初速が少し速くなる。気温が高いと空気密度は低くなる。すると気温が高いほうが弾道はやや平伸する。すると弾着は上にゆく。

気温が低いとか湿度が高いと空気抵抗は大きくなり弾着は下がる。大砲で長距離射撃をするならば絶対計算に入れなければならないことだが、普通の小銃で普通の兵隊が撃つには関係ないような話である。

普通の兵隊の腕でも横風は無視できない。かりに秒速5メートルほどの横風が吹いているとすると、300メートルの距離では15センチから20センチも流される。

向かい風は弾の速度を遅らせ弾着を下にもっていき、追い風は弾を押して目標到着を早め、弾の落下量が少なくなるので弾着は上にいく。けれども、それは普通の兵隊には関係のない世界で、風速6メートルのとき、300メートルの距離で1センチの上下にもならないくらいである。

山の上や高い建物の上にいる目標を射撃すると、水平射撃と弾着が異なる。水平射撃が一番引力の影響を受ける。高いところのものを撃っても低いところのものを撃っても、弾着は水平射撃の場合より少し上になる。7・62ミリNATO弾くらいの弾で500メートルの距離で射撃すると、15度の場合は7センチちょっと、30度の場合は28センチも上に着弾する。山岳地帯では、このことも心がけておかねばならない。

いや、そんな大げさな話でなくとも、空気銃でスズメやハトを撃つ場合は、弾の速度が遅いだけに近い距離でもこの誤差は大きく出るから注意しなければならない。

94　最大射程と有効射程

真空中であれば、発射された弾丸は45度の角度で発射されたとき最も遠くまで飛ぶ。ところが、現実には空気抵抗があるので、小銃弾などは25度くらいが最も遠くまで飛ぶ。これが戦艦の主砲弾のように大きなものだと45度に近い角度になってくる。

空気抵抗がなければ小銃弾でも数十キロも飛ぶはずであるが、実際には空気抵抗があるから数キロしか飛ばない。小さな弾ほど空気抵抗による速度低下が大きく到達距離は短い。

その銃砲から発射された弾が到着し得る最大の距離を「最大射程」という。昔から使われてきたことばだが、なぜかいまの自衛隊では、「最大射距離」といっている。

最大射程ということばは、六二式機関銃、M2重機関銃、89ミリ・ロケットランチャーといった古い教範では使われているが、六四式、八九式、Ｍｉｎｉ Ｍｉでは「最大射距離」となっている。どうして用語を変えたのか不明である。

また、射撃競技や狩猟をするためには、銃砲所持許可を取らなければならない。その講習会用テキストでは、「最大到達距離」という表現になっている。

「有効射程」ということばを聞く。何をもって「有効」とするのか、はなはだ曖昧なことばである。

ある資料に、ロシアのマカロフ拳銃の有効射程は50メートルと書いてあった。そして、「有効射程とは、発射された弾の半数を目標に命中させることのできる距離」と書いてあった。マカロフ拳銃で50メートルも離れた人体に50パーセント命中させられる奴がいたら、お目にかかりたいもんだ。

人体といっても、立っている敵と伏せている敵ではずいぶん違うし、ある標的に50パーセント命中させることができるかどうかは銃の性能より射手の腕の問題や、どういう射撃姿勢で撃つかという条件で大きく変わる。機械に据え付けて撃って50パーセント命中した距離を有効射程だといっても意味のないことである。

自衛隊の小火器類の教範を確認してみると、「有効射程」ということばは使われていなかった。

しかし、敵と相対したとき、いくらの距離なら撃とうと思うか、という、おおざっぱな感じとして、機関銃なら８００メートル、小銃なら３００メートル、サブマシンガンなら１０

0メートル、拳銃なら25メートルくらい、ということはいえる。実際の戦闘では数百発に1発しかあたらないのだが、それでもこれくらいの距離でなら射撃して戦術的に有効、という感じではある。

だが、それも戦闘の様相によることで、日露戦争のころの戦い方ならば小銃の有効射程は2000メートル、という考え方もできるのである。その距離で、集団で撃って敵の頭上に雨あられと弾を送り込んで死傷者を出させ、敵部隊を制圧することはできるのだから。

しかし、散弾銃で鳥を撃つ場合の有効射程というのは、わりあいはっきりしている。鳥を撃墜するためには、鳥に一定以上の運動エネルギーを持った散弾を命中させなければならない。距離が遠くなると散弾の密度が低くなって、鳥に命中するのはまぐれになる。計算上、鳥に命中する密度が得られ、その散弾が鳥を撃墜できるだけのエネルギーを持っている距離が散弾銃の有効射程で、これは人により考え方によって倍も違うということはない。

95　フルメタルなのにダムダム弾

軍用小火器の弾は鉛の弾丸を薄い銅の皮でつつんでいる。日本語で「被甲」、英語でジャケット、ドイツ語でマンテル、それなら日本語で「外套」あるいは「外被」でよかったんじゃないの？

このすっぽりジャケットでつつまれている（といっても底は鉛が見えているが）弾を「フ

ルメタルジャケット弾」という。

フルメタルの弾で撃たれると、体には弾丸の直径の穴があくだけである。実際には高速の弾が命中した衝撃は、ただその直径の穴があくだけというものでもないが、まあそれに近い。弾丸が突き抜けて出て行った穴は入った穴より少し大きいていどだ。

ところが、弾丸の先端部のジャケットに穴をあけたり傷を付けたりして鉛を露出させてやると、命中の衝撃で弾が潰れ、ひどい傷をつくる。弾が突き抜けて出て行った穴は握りこぶしが入るようなひどい傷になっていたりする。これを「ダムダム弾」という。

狩猟用には獲物を傷つけるだけで逃げられたりしないように、確実に仕留めるためにこうした弾を使うが、戦争ではおたがいにそんな弾で撃ち合いたくないので、ダムダム弾の使用はやめましょう、という約束ができた。

「外包硬固ナル弾丸ニシテ其ノ外包中心ノ全部ヲ蓋包セス若ハ其ノ外包ニ截刻ヲ施シタルモノノ如キ人体内ニ入リテ容易ニ開展シ又ハ扁平トナルヘキ弾丸ノ使用ヲ各自ニ禁止スル宣言書」といい、これじゃ長いので、一般に「ダムダム弾の禁止に関するヘーグ宣言」とか、「ダムダム弾禁止宣言」とか呼ばれている。

一般に戦時における非人道的行為の禁止はジュネーブで会議して決められたことが多く、しばしば「ジュネーブ条約によって……」ということが多いが、ダムダム弾の禁止はハーグで決議・署名されているので注意。

そしてこの禁止宣言は、オランダが幹事なので、もし新たに独立した国があって、その国も「わが国も正式なダムダム弾禁止宣言国になろう」と思えば、まずオランダ政府に申し入れ、オランダ政府から各国にそれが伝えられる、ということが明記されている。

いやー、国際法も、おもしろいですね。

なお、このダムダム弾禁止宣言は、この宣言に加わっている国家間の戦争に適用されるので、非宣言国にはダムダム弾を撃ち込んでもいいし、相手が国家ではないテロリストなどの場合、ダムダム弾の使用はまったく問題とされない。警察が犯人をダムダム弾で撃つことも問題はない。

ともかくそういうわけで、一般に軍用弾はフルメタルでつくられる。だが、このダムダム弾禁止宣言締盟国であっても、一応、フルメタルの弾を使ってはいるが、それでもなるべく殺傷力の大きな弾にしてやろうと考える者がでてくる。

銃弾は骨にあたったりすると、まっすぐ突き抜けて行かず、それもただ進行方向が変わるだけでなく、横倒れすることがある。回転している弾が横倒れする動きは、まさに回転しているコマの回転が遅くなって倒れる直前のあの動きだ。ただ突き抜けるだけではないひどい傷ができる。これを「タンブリング」という。そして、わざとタンブリングしやすい弾をつくる！

もっとひどいことを考える奴もいる。

ジャケットの厚みを均一でなく、微妙に薄い部分をつくる。命中の衝撃でしばしばそこで弾が折れる。なかの鉛が飛び出す。結果はダムダム弾だ。冷戦時代の西ドイツ軍の銃弾が、東側ではチェコの銃弾がそうだった。

96 レーザー・レンジ・ファインダーとミルドット

よいしょ、やっこらしょ、あー年はとりたくないものだ、鹿をさがして尾根歩き、まあ急がずあせらず、立ち止まっては双眼鏡でむこう斜面を観察する。

あそこまで何百メートルあるのかな、600メートルくらいかな。

レーザー・レンジ・ファインダーを取り出す。

ボタンを押すと電源が入り、レティクル（十字線）が出る。それで目標を狙ってもう一度ボタンを押すと、距離が表示される……はずだが、何も表示されないな。

このレーザー・レンジ・ファインダーは、1000メートルまで測定できるのだが、それほど遠くになると、レーザー光の反射の鈍い物体は測定できないことがある。枯れ草の表面などは反射が鈍い。そういうときは近くの岩などを狙ってレーザーを送ってやる。

もっと近い目標を狙って、うん300メートルと出た。あそこまで600、あそこで900か、ちゃんと900測定できた。

山の上から見ると、実際より近く感じるもんだな、こんなに遠くまで見えると、1000メートルまでしか測れない機械は、「たったあそこまでしか測れないのか」という感じになるが、どうせ1000メートル以上むこうを撃つなんて無理なことだし、それなのにもっと遠くまで測れる機材にしたら値段も重量もかさむから、まあこれでいいのだ。いや、これでさえ、もっとコンパクトにならないかと思っているくらいなんだから。

ん―鹿シカ、鹿さんや―、いや別に熊だっていいんだが……いないね。

では、また少し移動して――鹿さんや―、鹿さんや―……腹へってきた……いた！

距離400、敵はまったくこちらに気がついていない。

本来、ハンティング・ライフルはスコープを300メートルに合わせておくものだ。なぜかというと、たとえば100メートルで標的の中心に命中するように調整されていると、それで300メートルを撃つと40センチ近くも下へ、400メートルだと80センチ以上も下へいく。

しかし、300メートルで標的の中心に命中するように調整しておくと、それで100メートルを撃ったとすると約10センチ上に着弾、200メートルで約15センチ上、300メートルでどんぴしゃ、400メートルで36センチほど下へいくというわけで、最小限の誤差ですむわけだ。

ところが、日本に300メートルの撃てる射撃場は数ヵ所しかない。狩猟解禁前には土日どころか、平日だって満員御礼だ。

結局、今回は近くの射撃場で100メートルで射撃し、標的の中心から10センチ上に着弾するように調整してきたのだ。一応、これで300メートルでどんぴしゃ、400メートルなら36センチ上を狙えばいいはずで……スコープにはミルドットが施されている。

「ミル」というのは、「1000ヤード離れた幅1ヤードのものを見る角度」のことだ。これは歩兵の表現で、砲兵は「1000メートル離れた幅1メートルのものを見る角度」という。おなじことだが、アメリカでも砲兵はメートルを使うということ。それは独立当初、フランス軍将校に砲術を教わったからだ。

余談はさておき、このスコープはレティクル上に1ミリごとに小さな点を打ってある。この点と点の間隔が角度1ミル。1000メートルで1メートル。

鹿との距離400、すると1ミルは40センチ。鹿の心臓の36センチ上を狙うってことは、十字線の中心から下の最初のミルドットを鹿の胸に合わせる。

それじゃ、4センチ違うって？　この銃は、400メートルで4センチがどうのなんて精度は、そもそもないのだ。まあ、鹿の胸のどこかにあたってくれりゃってとこだね。

正確に狙わねばならぬ。

正確に狙うには伏せるのがいいのだが、伏せると草がじゃまで目標が見えない。伏せでなくて400メートルは、無理といっていいかな。山の斜面に腰をおろし、リュックを背負ったまま岩にもたれかかる。左膝を立てた上に左腕の肘を曲げてのせ、その上に銃をのせる。伏せられないときは、これが一番安定するのだ。いいぞ風はないし、といっても、むこうの斜面までのこの谷をどう風が流れているかわからないのだが……。

あー、目がかすむ。映画『山猫は眠らない2』の老狙撃兵だね、それでも奴ほどの腕があればいいのだが……。

映画のように一度目を閉じ、首を振って、もう一度狙い直し、こんなことしてる間に逃げられちまったりして……まだ逃げてねえな……。反動が肩をけとばす、銃声が谷に響く、鹿が斜面をころがり落ちる。やった、やった……しかし、あそこまで、この谷を下ってむこうの斜面を登り、あの鹿を回収にいかなければならんのだな。ますます、年はとりたくないものだ。

97　ある日のカモ猟

冬、まだ星の見える早朝、車の暖気運転をしながら、サンドウィッチとコーヒーで簡単に朝食をすませる。ハンターは朝が勝負なのだ。人も車もウォーミングアップよし、出発。まだ、深夜のように交通量の少ない町を抜け、郊外の沼へ着くころ、夜が明けはじめている。目的の沼から少し離れた林に車を止め、レミントンM１１００オートマチック散弾銃20番を持って車から降りる。時計を見る。日の出10分前。

もう明るいのだが、でも日の出の時間前の発砲は違法である。

いつもカモのいる場所がある。そこへ葦の茂みを利用してカモにこちらの姿を見られないように接近できる道がある。姿を見られないよう身をかがめ、音を立てないよう、ゆっくりと接近する。寒いよー。

カモは水鳥だから、遠くから撃たねばならないことが多く、したがって、なるべく散弾がたくさん入る口径12番で、反動がいやでなければマグナムを選択。遠いと空気抵抗で散弾の速度が低下し威力不足になるので、大きめの散弾を使用する。

大きめの散弾で遠くを撃つと広い空間にまばらに散弾があることになって、カモは散弾群の中をすり抜けて無傷、なんてことになるから、フルチョークで絞る、というのがカモ撃ちのスタンダードだ。

しかし、隠れてカモに接近でき、30メートル前後の近距離で撃てるこの場合、反動の楽な口径20番、散弾は安いクレー射撃用の7号半、チョークはごくゆるいインプルーブド・シリンダー。

日の出の時間だ。茂みから立ち上がる。

カモがこちらの姿に気がついて飛び立つ。3羽——右のをドン、左に振ってドン、3羽めは……まあ、3発めを撃つまで散弾銃の射程内に鳥はいないものだ。

針金を曲げてつくった「腸抜き」を肛門からさしこみ、ぐりぐりとまわして腸を引き出す。こうしておかないと肉の腐敗が早くなるし、内臓の傷から肉が臭くなりやすいのだ。首も切って逆さに吊るし血を抜いたほうがより肉がうまいが、すぐ食べるなら血抜きをしなくてもたいした違いではない。

毛をむしり、まる裸になったカモは、もう肉屋さんで売っている鳥肉だ。

さあ、カモ鍋だ、カモ鍋だ。まずダシを取る。カモの骨を煮てダシをとるのもよし、そうしないでコンブやかつおのダシを使う人も多い。

骨を使った場合、アクが浮いてくるので、すくって捨てる。

白菜、しいたけ、春菊、豆腐、えのき、長ねぎ、ゴボウのささがきを煮る。肉は煮すぎないように最終段階で入れる。これをポン酢、もみじおろしで食べるのだが、味噌仕立てもよい。とくに海ガモはクセが強いので味噌がよい。

カモ料理は鍋だけではない。宮内庁御猟場料理として有名な「お狩場焼き」——長方形のコンロの上に鉄板をのせ、カモ肉をネギといっしょに焼き、大根おろし醤油で食べる。そのほかカモのタタキ、串焼き、カモ肉をソバに入れて本物のカモ南蛮。

カモはフランス語でカナール。フランス料理の重要な素材だ。

フランス料理にカモのレシピがどれくらいあるのかよくわからないが、ちょっと本を調べただけで20種類を超えた。

98　ある日の猪狩り

昨夜、畑を荒らした猪は、この山へ帰っていった。山のふもとを一周して猪の足跡を観察した（「見切り」という）ところ、猪はこの山の外へは出ていない。おそらく山の頂上より少し下の繁みに隠れて昼寝しているのだろう。

犬を山の頂上付近へ連れて行く。その間に射手は山の下のほうで、猪の通りそうな要所要所に配置につく。

犬は山の上でしばらくクンクン臭いをさがしていたが、やがて猪の臭いを見つけたか、吠えながら山を下っていく。

優秀な犬は、猪に追いつき、行く手をさえぎり、足に噛み付いたりして逃走を阻止する。そこへハンターが追いついて猪を撃つ。これを「吠え止め猟」といい、猟師ひとり、犬1頭で猪狩りができる。

しかし、そんな優秀な犬はまれである。たいていの犬は吠えながら猪を追っていくだけだ。猪がどう逃げるかは予測できない。といっても、まったく通ったことのない道を通ることはまれで、何本もの獣道の1本を選ぶのだが、それぞれの道に射手を配置しなければならないから人数が必要だ。これを「巻き狩り」という。

猪がどこを走っているか正確に知ることはできないが、犬の声の少し下を走ってきているのだろうと考える。

犬の声が自分の方へ向かっていると感じたハンターは緊張する。大きな木の幹か岩陰に身をよせて、猪に気づかれないように待っている。ハンターの存在に気がついた猪は藪のなかを通って逃走経路を変え、包囲網を抜けてしまう。

気配を殺して猪を待つ。

銃はM1カービンを豊和工業で狩猟用に生産した豊和M300。

来た、来た、いまだ！　銃声がこだまし、猪がひっくりかえる。

シシ鍋だ、シシ鍋だ。

棒に足を縛って猪をぶらさげ、谷川に運ぶ。腹を割いて、内臓を出し、血を洗い流し、肉を流水で冷やす。これをしないと肉が臭くなるのだ。

さあ、シシ鍋だ。

大きな土鍋で骨を煮てダシをとる。アクが浮いてくるのですくって捨てる。あるいは骨を使わず、かつおダシや昆布ダシを使ってもよい。肉を薄く切って鍋に入れる。好みで酒も入れる。肉が煮えてきたころ、大根の短冊切り、ごぼうのささがき、にんじんのささがき、長ネギ、白菜、こんにゃく、焼き豆腐、きのこ類（しいたけ、しめじ、えのき、など）を加えて合わせ、味噌を溶かし込む。春菊を加えて出来上がりだ。

これらの材料のなかには好みで入れないものもある。シシ鍋に白菜はあわないという意見もある。人により細かいところでいろいろ違うシシ鍋がある。

猪料理は鍋だけではない、焼肉、カツ、すきやき、シシ丼など、さまざまな料理がある。猪はフランス語でサングリエ。フランス料理でも重要な素材で、ちょっと本を調べてみただけでも60種類のレシピがあった。

99　ある日の鹿狩り

「ハー」「ホー」と山の上から声が聞こえる。鹿のいる山を3方向から囲み、声を上げて鹿を追い出す。鹿狩りも猪狩りとまったくおなじように犬をかけて、要所要所に射手を配置するという方法もあるが、逆に何人かの人が鹿を追いたて（「勢子」という）、包囲網をせばめてゆき、1ヵ所だけ逃げ道をつくり、そこに射手が待ち伏せする（「マチ」とか「タツ」という）、やりかたもある。今日はそれだ。

山の頂上を中心に山を囲むのではない。山の片方の斜面を上から下へ攻める。沢があるなら、その沢を中心にして扇型の地域を攻める。鹿は沢を下って逃げるので沢の下で待ち伏せる。

犬が猪を追っている場合、猪は犬の声の少し下だろうと見当をつけるが、人間の勢子は鹿の姿を見て追っているわけではないから、鹿がどのへんまで逃げてきているかは見当がつかない。

沢の奥からガサガサ音がする。来たぞ。

銃はAR-15、つまりM16。ただし、日本では口径5・9ミリ以下の銃は狩猟用として認められていないので、口径6ミリにしてある。この6×45実包は市販の弾はないので、自分でハンドロードするしかない。弾倉も外観上は20連弾倉が付いているが、日本の法律に合わせて5発しか入らないようになっている（もっとも、20連や30連の弾倉を買ってくればそのま付くけど）。

6ミリは小さくて頼りなげだが、それでもカービンの2倍の火薬が入っている。鹿の待ち伏せには十分だ。

来たぞ来たぞ、3頭もいるじゃないか、少し離れた所に陣取っている相棒に目をやる。彼の銃はM14ライフルの民間型M1Aだ。彼の銃にも外観上は20連の弾倉がついている。見えた。トリガーを引く、先頭がひっくりかえる。もう1頭に照準を移すと、引金を引く前に倒れた。相棒が撃ったのだ。

もう1頭、方向を変えて斜面を登って逃げようとしている。胸の前を狙ってトリガーを引く。命中していると思うのだが、こうなった死に物狂いの鹿はしぶとい(「矢強い」という)、もう1発。鹿は斜面をころがり落ちる。

相棒の銃声が聞こえる、え、まだいた? すぐ後からもう2頭、合計5頭の群だったのだ。1頭倒し、1頭逃げられた。2人で4頭、よしよし、鹿刺、タタキ、焼肉、ステーキ、鹿シチューだぞ(注・この本の初版が出た当時は、ひとり1日2頭獲ってよいのは北海道東部だけだったが、最近鹿が増えて、2頭以上獲ってもよい地域が増えている)。

解体にかかろう。角は小さいな、まあ若いやつのほうが肉はうまいさ。

鹿はフランス語でシュヴルイユ。もっとも細かい種類や年齢でいろいろないいかたがあるらしいが。

フランス料理でも鹿は重要な素材だ。どれくらい鹿料理の種類があるのか、ちょっと文献を調べてみただけで１２９種の鹿料理が出ていた。

100　女子高生とエア・ライフル

今日も来ましたライフル射撃場。おや、今日はやけに車が多いな。おお、これから銃を持ちたい、という人のための初心者講習会をやっているのだ。そこに制服姿の女子高生が。そうだ、M高校には射撃部があったのだな。それにしても、射撃部で射撃をやるため平日に授業を抜けて講習を受けに来れる、なんといい高校だ（ちなみに、この高校には馬術部もある）。

この講習会をやっている射撃場にもエアライフル射場の設備はあるが、この射撃場はハンターのための射撃場の要素が強く、学生が競技用エアライフルやスモールボアライフルの練習をしている射撃場はもう一ヵ所べつにある。火縄銃は、そっちのスモールボア射場で撃つことになっている。

スモールボアライフルとは、22ロングライフル実包を使う50メートル競技。50メートル離れた標的は16センチあまりの大きさがあるが、中心の10点圏の直径は10・4ミリ。距離は50メートルだが、国体やオリンピックに出ようと思えば、ほとんど全弾、この10・4ミリに撃ち込む腕がなくてはならない。

パン、パンと小さな音を立てて練習をしているスモールボア射場で、でかい音を立てて火縄銃を撃つのは練習のじゃまをするようで申し訳ないが、まあすぐ終わりますから。

火縄銃を撃ち終わって、エア・ライフル射場をのぞいてみる。

どういうわけか、エアライフルって女子選手が多いのだ。女性のほうが成績もいいし。

そう、女性は射撃、あたるのだよ。とくに立射は。

そこのあなた、講習会受けてエアライフルの所持許可とって射撃場へいってみなさい。

エアライフルの標的は10メートルの距離で直径46ミリだが、中心の10点圏は直径0・5ミリだ。弾の直径が4・5ミリなのに標的は0・5ミリ。もっとも弾が、この10点をちょっとでもかすれば10点なのだが、10点をとるためには直径10ミリ以内の誤差、10メートルの距離で10ミリ以内に撃ち込まねばならない。

あなたがはじめてエアライフルを構えて標的を撃てば、銃はゆらゆらふらふら、標的の紙にさえあたるかどうか、何度も狙いなおし、直径46ミリのなかでばらばらに弾痕の散った、なかにはその円からさえはみだしている弾痕のある標的を手にするだろう。そこで、となりの女子高生の撃った標的を見てごらんなさい、何発も撃ち込んでいる標的のド真ん中に、弾の直径より少し大きな不規則な形の穴がひとつあいているだけだ。

で、筆者はよく若い自衛隊員に気合を入れたもんだ。

「おまえたちの射撃の腕は女子高生にも劣る」

いや、じつは女性が立射でよくあたるのには理由がある。女性は骨盤が大きくかつ高い位置にある。そこで、銃を支える左腕の肘を骨盤に乗せるのだ。そして自分の脚の骨、骨盤、腕の骨で地面から銃を支える支持棒をつくってしまうのだ。男には、これはできない。だが、それをいいわけにはできない。男性選手も撃った弾のほとんどを10点に撃ち込んでいるのだから。

単行本　平成十六年十一月　光人社刊

NF文庫

「鉄砲」撃って100！

二〇二一年十一月二十四日　第一刷発行

著　者　かのよしのり

発行者　皆川豪志

発行所　株式会社　潮書房光人新社

〒100-8077　東京都千代田区大手町一-七-二

電話／〇三-六二八一-九八九一(代)

印刷・製本　凸版印刷株式会社

定価はカバーに表示してあります

乱丁・落丁のものはお取りかえ致します。本文は中性紙を使用

ISBN978-4-7698-3238-6　C0195

http://www.kojinsha.co.jp

NF文庫

刊行のことば

第二次世界大戦の戦火が熄(や)んで五〇年——その間、小社は夥しい数の戦争の記録を渉猟し、発掘し、常に公正なる立場を貫いて書誌とし、大方の絶讃を博して今日に及ぶが、その源は、散華された世代への熱き思い入れであり、同時に、その記録を誌して平和の礎とし、後世に伝えんとするにある。

小社の出版物は、戦記、伝記、文学、エッセイ、写真集、その他、すでに一、〇〇〇点を越え、加えて戦後五〇年になんなんとするを契機として、「光人社NF（ノンフィクション）文庫」を創刊して、読者諸賢の熱烈要望におこたえする次第である。人生のバイブルとして、心弱きときの活性の糧(かて)として、散華の世代からの感動の肉声に、あなたもぜひ、耳を傾けて下さい。